文化线路之城：贵阳建筑遗产空间形态多样性研究

李效梅　著

中国纺织出版社有限公司

内 容 提 要

随着丝绸之路、京杭大运河申遗成功，蜀道、南方丝绸之路、万里茶道、苗疆古驿道等中国众多的具有文化线路属性的线性历史空间研究得到快速发展。本书从文化线路的文化多样性保护视角审视贵阳建筑遗产空间，对贵阳城各种文化类型建筑遗产空间的单元形态特征、分布形态特征进行研究，并探讨了保护策略。首次借鉴应用生态群落理论中的多样性研究视角与方法，首次提出建筑遗产空间单元这一学术概念，对历史城市建筑遗产空间的相关研究具有方法论价值。本书结构合理、内容详实，可供文化线路遗产保护、建筑遗产保护、城市设计、城市资源开发和管理人员阅读，亦可供旅游专业及爱好者和其他相关专业人员阅读。

图书在版编目(CIP)数据

文化线路之城：贵阳建筑遗产空间形态多样性研究 / 李效梅著. — 北京 ：中国纺织出版社有限公司，2023.3
ISBN 978-7-5229-0425-2

Ⅰ.①文… Ⅱ.①李… Ⅲ.①建筑—文化遗产—研究—贵阳 Ⅳ.①TU-87

中国国家版本馆 CIP 数据核字(2023)第048822号

责任编辑：张 宏　　责任校对：高 涵　　责任印制：储志伟

中国纺织出版社有限公司出版发行
地址：北京市朝阳区百子湾东里 A407 号楼　邮政编码：100124
销售电话：010—67004422　传真：010—87155801
http://www.c-textilep.com
中国纺织出版社天猫旗舰店
官方微博 http://weibo.com/2119887771
北京虎彩文化传播有限公司印刷　各地新华书店经销
2023 年 3 月第 1 版第 1 次印刷
开本：787×1092　1/16　印张：14. 25
字数：226 千字　定价：98. 00 元

前　言

随着丝绸之路、京杭大运河申遗成功，文化线路研究日渐兴起，一些作为文化线路重要节点的历史城市逐渐受到重视。贵阳城作为苗疆古驿道文化线路上的重要节点，有着浓厚的历史氛围和丰富的建筑遗产，具有重要的研究价值与保护意义。然而当前贵阳城的建筑遗产保护并未受到足够重视，存在局限于建筑单体保护、部分未列保文化线路建筑遗产被忽视、未从文化线路历史背景角度来思考城市文脉格局等问题。

对此，本研究以贵阳城建筑遗产空间为研究对象，将文化线路视角的文化属性作为建筑遗产及建筑遗产空间单元的文化类型识别基础，并分别从空间单元和空间单元群两个尺度开展建筑遗产空间形态多样性研究，进而探讨贵阳城建筑遗产空间形态特征保护策略。本书首次借鉴应用生态群落理论中的多样性研究视角与方法，对文化线路城市建筑遗产多样性特征研究具有创新方法探索的意义；首次提出建筑遗产空间单元这一学术概念，对建筑遗产城市空间的保护性更新利用研究及实践均具有方法论价值。本书为贵阳城建筑遗产城市空间的保护及可持续发展利用更新实践提供了基础资料。

全文共六章，第一章为绪论，梳理国内外相关研究、解读相关概念、分析研究方法并提出技术路线。第二章为贵阳城建筑遗产类型及多样性分析，梳理出5类建筑遗产类型，53处既存建筑遗产。第三、第四章分别为贵阳城建筑遗产空间单元形态多样性研究、分布形态多样性研究：单元形态多样性研究主要结合实地调研与相关量化方法，从遗产建筑形态、边界形态和结构形态三方面来解析；分布形态多样性研究主要应用Delaunay三角剖分网络法和街巷拓扑网路空间句法，解析建筑遗产空间的地理空间分布形态以及城市空间分布形态。第五章为保护策略探讨。第六章为结论与讨论。

本书系李效梅主持的贵州省自然科学基金项目“贵州省苗疆古驿道文化线

路申遗理论及科技支撑技术研究”的研究成果,部分文字由贵州大学研究生陈斯琪完成(约4万字),部分基础资料及图表由罗栎媛整理,地方历史文献的分析得到了朱冠宇教授的帮助,在此表示感谢。由于作者水平和掌握材料有限,书中值得商榷的地方在所难免,恳请各方面的专家和学者批评指正。

作　者

2022年10月

目录

第一章 绪论

第一节 研究背景与意义

一、研究背景

(一)国内对“非名城”历史城市保护研究的缺失

在我国悠久的城市文明发展史上,有着数量众多的历史城市,这些城市具有一定的文化遗存资源,体现着不同时期的格局风貌特征,是彰显我国传统文化的重要载体。对此,我国也逐步意识到从城市层面对文化遗产进行整体保护的重要性,1982 年国务院批转的《国家建委等部门关于保护我国历史文化名城的请示》中首次提到了“历史文化名城”这一概念,并公布了首批 24 个国家历史文化名城,标志着我国名城保护制度的创立,同年 11 月颁布的《中华人民共和国文物保护法》首次明确阐述了历史文化名城的定义,标志着历史文化名城正式成为法定保护的概念[1]。截至 2018 年 5 月 2 日,国务院已将 134 座城市列为中国历史文化名城,并对这些城市的文化遗迹进行重点保护[2]。

然而中国城市历史悠久,除历史文化名城外,我国还有众多未达名城标准的历史城市值得我们关注。当前,国内众多学者将目光集中在对历史文化名城的保护研究上,但除了那些典型、完好的历史名城外,还存在大量有着特定文化价值的历史城市,这些城市也是我国浓厚历史文明不可或缺的构成部分,然而这些城市却因缺乏关注、保护不力而逐渐丧失其原有的城市文化特色[3]。

因此,研究认为那些未达历史文化标准,但曾在人类历史进程中担任过一定地区性职能，携带一定历史信息，具有一定历史格局风貌的历史城市具有较大的保护研究价值和意义，这是当前国内研究较为缺失但应予以重视和关注的。

(二)国内对“非名城”历史城市建筑遗产空间保护的现存困境

目前国内对“非名城”历史城市的建筑遗产空间保护与传统城市的建筑遗产空间保护并无差别，面临着以下困境：第一，针对保护对象而言，多局限于法定保护体系。当前，我国针对城市中保存较完整的建筑遗产提出了各级文物保护单位、历史建筑等法定保护概念，但城市中或因残损严重未列入法定保护的建筑遗产不在少数，这些建筑仍具有较强的历史保护意义，却因缺乏重视而濒临消失。对此，如何认识未列入法定保护建筑遗产保护意义并将其纳入相应的城市建筑遗产保护体系，是当前国内相关学者应予以重视的。第二，针对建筑遗产个体及保护空间范围划定而言，多为统一式的规划保护、“一刀切”的空间范围划定方式。随着现代技术的进步及对经济发展的盲目追求，越来越多的建筑遗产保护开始走向流程化、规模化、统一化甚至简单化处理方式，缺乏对城市特色元素及文化内涵的挖掘，模糊了各城市独有的城市个性；缺少以建筑遗产的影响域来划定空间保护范围的思路，使相关的城市空间更新没有章法，客观上造成遗产空间的城市空间属性特征逐渐被弱化、城市文脉消失加速的困境。因此，注重挖掘并保护各建筑遗产本体的特色、注重遗产的城市空间范围划定，避免流水线式保护流程、简单化的紫线范围或保护范围的划定，是当前国内建筑遗产保护应予以重视的。第三，针对建筑遗产的群体保护而言，一方面，当前的建筑遗产保护多是孤立的点状空间保护，忽视了各建筑遗产空间单元之间的相互联系，未能发挥建筑遗产空间的群体性价值，不利于城市文化空间的连续性；另一方面，城市是由不同时期的历史风貌、不同民族和民间信仰层层累积而显现其生命力的，但当前的建筑遗产空间保护忽视了对城市历史脉络的梳理与强化，造成城市文化精神保护与塑造的缺席，损害了城市的长远发展。因此，如何找到建筑遗产空间单元之间的联系，梳理并强化城市文化脉络，是当前我国建筑遗产空间保护应该思考的。

(三)文化线路视角带来的遗产保护研究新思路

随着对文化遗产保护的日益重视，目前国内外已由注重单一、静止的遗产遗迹保护逐步朝重视群体性、活态性的文化遗产保护方向发展。这一新趋势的重要成果即“文化线路”的提出，2008 年国际古迹遗址理事会制定了《关于文化线路的国际古迹遗址理事会宪章》，将文化线路纳入了文化遗产研究中，这表明了当前文化遗产保护学科的发展趋势。与以往的文化遗产保护理念不同，文化线路遗产的保护不仅是对遗产保护的关注度从单个遗产上升到宏观区域层面，更注重遗产的文化多样性与文化交流的融合性，是一个整体性的概念，注重时间和空间上的连续性，强调整体价值远大于个体要素相加[4]。

受文化线路整体性保护思想影响，一些作为文化线路重要节点的历史城市逐渐受到重视，这些城市不仅具有自己独特的城市文脉，而且由于其在文化线路中具有节点连接功能，受到线路上流动的各方文化影响，有着丰富多样的物质或非物质文化遗产遗迹。这些节点城市及其建筑遗产的保护发展也是当前文化遗产保护研究不可或缺的部分。同时，在对这些历史城市进行保护研究时可根据其所在的文化线路背景而更细致地挖掘其特色元素和文化内涵，从而可更具针对性地提出保护发展策略。因此，文化线路保护思想为我国“非名城”历史城市的建筑遗产保护带来了新思路：第一，在保护对象方面，与传统孤立的列入法定保护的建筑遗产空间保护研究不同，文化线路思想更强调相关联的遗产群概念，注重多元文化之间的相互联系与共生共融，将城市建筑遗产视为多元共融的文化群落整体。因此，保护对象上是以多元文化类型识别为基础的城市所有相关建筑遗产的保护。第二，在保护建筑遗产空间单元个体方面，文化线路保护思想强调多元文化共生，强调文化的多样性，据此，文化线路视角的城市建筑遗产空间单元的保护以类型化的空间单元形态特征保护为具体内容。第三，在保护建筑遗产空间单元群体方面，借鉴应用文化线路注重基于线路串联的思想，对建筑遗产空间单元群体进行保护。据此，需要研究城市各类建筑遗产空间单元群体的空间分布形态特征，结合城市线性文脉要素的挖掘，分析空间单元群体分布形态特征与线性文脉要素之间的关系，从而提出保护策略。

因此笔者认为，文化线路理论思想的运用是解决当前历史城市遗产保护研究困境的新思路。贵阳城作为苗疆古驿道文化线路的重要节点城市，有着独特的历史氛围和多样的文化遗产，基于文化线路视角开展城市建筑遗产空间形态多样性研究极具意义。

(四)贵阳城建筑遗产保护的现存困境

贵阳历史悠久，有着数量众多、类型丰富的城市建筑遗产。然而，近年来，随着城市化的高速推进和城市地块的高强度开发，贵阳市人口高速增长，用地日渐局促，逐渐产生了人多地少、发展空间小的人地矛盾，同时也造成大量文物保护单位用地受到严重侵占，甚至有被逐步蚕食的趋势[5]。据贵阳市“三普”统计数据，截至 2011 年 12 月，贵阳市从 2000 年至 2010 年消亡的文物点有 93 处，自 1985 年以来，共有 123 处曾登记在册的贵阳文物点永久消失[6]。那些本应该成为城市特色与亮点的遗产城市空间，逐渐因保护不力、发展不佳、环境恶劣甚至成了老城脏乱差的典型区域，由此可见，贵阳市的建筑遗产保护与发展工作迫在眉睫，应及时反思总结贵阳城建筑遗产保护与发展工作的现存问题并予以重视。

经现状考察可知，当前贵阳城的建筑遗产保护主要存在三个问题：首先，多局限于建筑单体保护，并未重视周边的空间文脉环境；其次，贵阳城现存一系列保护较差的未列入保护的建筑遗产，如何认清其保护意义并构建相应完善的保护措施也是迫切需要研究的；最后，当前贵阳城内仅存在孤立散点状式的建筑遗产空间，不存在保存较完整的面状或线状的历史街区，各建筑遗产空间点分布分散、各自为营、缺乏相互之间的联系，未能发挥建筑遗产空间的群体优势，无法感受到清晰的城市文脉格局。

针对以上困境，本研究建议：首先，将建筑遗产与周边城市环境整合成为建筑遗产空间单元整体，分析建筑遗产空间单元形态特征，以期实现对建筑遗产本体及周边空间共同形成的建筑遗产文化单元的整体保护；其次，基于文化线路的多元文化共生共融保护思想，将具有苗疆古驿道文化线路多元文化价值的建筑遗产梳理出来，作为保护研究的对象；最后，对贵阳城各类建筑遗产空间单元进行形态特征研究、对贵阳城各类建筑遗产空间单元群进行空间分布形态特征研究，分别作为建筑遗产空间单元群体的资源优势研究基础、建筑遗产空间单元群体的潜在城市文脉研究基础。

二、研究意义

当前传统的城市建筑遗产空间形态研究主要存在两个问题：一是多仅着眼

于列入文物保护的城市建筑遗产空间；二是对城市建筑遗产的保护发展多局限于孤立的点状空间[7]。文化线路思想则不同，它更强调建筑遗产空间的群体概念，注重空间单元之间的相互联系与多样文化类型的群体共生，注重将历史区域内建筑遗产空间视为一个具有文化多样性的空间整体。在这种多元文化共生的保护理念下，不仅会带动一系列具有一定文化价值的列入和未列入保护建筑遗产的保护工作，还能将各类型遗产空间点视为潜在文脉相连的关联空间，重新理解城市山脉、水系、文化线路等线要素，特色街区等面要素，从而获得"点＋线＋面"结合的文化线路城市文脉格局的新认识，进而获得城市建筑遗产文化资源空间的新认识，促进开展基于城市建筑遗产资源集群效应的城市社会文化经济可持续发展研究。具体而言，本研究存在以下理论及实践意义。

（一）理论意义

本研究从文化线路文化多样性视角对城市建筑遗产进行信息梳理与类型识别，以此开展由多样类型组成的城市建筑遗产空间形态研究，启动一系列与文化线路相关的列保和未列保建筑遗产的保护研究，扩展文化线路城市的建筑遗产保护研究视角。

另外，本研究将城市建筑遗产空间理解为多样类型的建筑遗产空间集群整体，具体又将建筑遗产空间形态分解为各类型建筑遗产空间单元形态、各类型建筑遗产空间分布形态。这吻合文化线路遗产"多样性"的研究视角，增加了建筑遗产空间形态的分析尺度。

（二）实践意义

本研究为具有文化线路历史背景的贵阳城建筑遗产类型多样性的保护实践提供基础资料，为贵阳城各类建筑遗产空间单元的多样性形态特征保护实践提供基础资料，为基于贵阳城各类建筑遗产空间分布形态多样类型的城市文脉研究提供基础资料。

第二节　国内外研究现状

一、城市建筑遗产空间的相关研究

(一)国际建筑遗产空间保护研究历程

经历两次世界大战后,世界各国的建筑遗产遭受到不同程度的破坏,自此也让人们意识到了建筑遗产保护的重要性与紧迫性。随着建筑遗产保护研究的不断深入,建筑遗产的保护对象与保护范围也得以扩展,从最初的建筑遗产单体保护逐渐走向群体保护,同时也开始注重对建筑遗产周边空间的整体性保护。

早在1931年国内外学者就意识到建筑遗产周边空间环境保护的重要性,《关于历史古迹修复的雅典宪章》中指出,“历史建筑的结构、特征、它所属的城市外部空间都应当得到尊重。”这是国际上最早涉及建筑遗产空间保护的国际文献;1943年法国通过了《纪念物周边环境法》,对文物建筑周边环境进行限定并按照文物建筑自身特点进行相应限定;1964年5月《威尼斯宪章》的通过代表着国内外学者对建筑遗产空间保护有了更深入的理解,《威尼斯宪章》认为周边空间的保护本身就是遗产保护的一部分,规定“古迹的保护包含着对一定规模环境的保护。”“古迹不能与其所见证的历史和其产生的环境分离”;1976年11月,联合国教育、科学及文化组织大会第十九届会议通过了《内罗毕建议》,提出“每一历史地区及其周围环境应从整体上视为一个相互联系的统一体,其协调及特性取决于它的各组成部分的联合,这些组成部分包括人类活动、建筑物、空间结构及周围环境”,此时建筑遗产周边空间的保护工作与人们的社会生活开始相互融合;1987年10月,国际古迹遗址理事会通过了《华盛顿宪章》,明确提到了建筑遗产周边环境要素组成部分,提出“所要保存的特性包括历史城镇和城区的特征以及表明这种特征的一切物质的和精神的组成部分”;2005年国际古迹遗址理事会第十五届大会通过了《西安宣言》,对建筑遗产周边环境的重要性做出了进一步阐述,进一步将文化遗产的保护范围扩大到了遗产周边环境包含的一切有形与无形的内容,明确提出了为使文化遗产得到更加有力的保护,应当对历史文化遗产周边实体和影响精神文化层面的一切环境进行整体保护和规划设计,将文化遗产周边环境及遗产本身的重要性提到同等重要的地位。

综上所述，随着国内外学者对建筑遗产保护研究的不断深入，当前世界各国对建筑遗产周边空间的保护日趋重视，保护范围也越来越广泛，研究内容也更加细致与完善，各国建筑遗产空间保护也更加注重整体性，也越来越重视在物质与非物质层面上历史文脉的延续。

（二）国内城市建筑遗产空间形态的相关研究现状

如前文所述，建筑遗产空间是指建筑遗产及其影响域共同形成的物质空间存在，因此对城市建筑遗产空间形态的研究实际上就是对建筑遗产及其城市空间载体的形态研究，目前我国并没有明确划分"建筑遗产空间形态"之类的概念，但其作为城市空间形态的重要组成部分，也受到众多专家学者的重视。在中国知网上进行模糊检索，从发文量趋势来看，2010—2020 年国内以"城市空间形态"作为主题的各类文献达到 3098 篇，且呈逐年增长趋势。以"空间形态"和"遗产保护"作为主题的各类文献达 333 篇，篇数虽不多，同样呈逐年增加趋势。不难看出，我国对城市空间形态方面的研究热度较高，但基于遗产保护视角对城市空间进行研究的文献并不多，处于较为稚嫩的阶段，有待进一步成熟与完善。对此，将近年来国内关于城市空间形态的研究大致分为定性研究和定量研究两大类进行梳理如下：

1.定性研究

我国对城市空间的探讨和研究有诸多切入角度，如吴良镛在《人居环境科学导论》中，从人居环境的角度对城市空间进行解读，提出了应保护和建设可持续发展的人居环境[8]；王建国在《现代城市设计理论和方法》中，从城市设计的角度对城市空间进行论述，探讨并构建了从城市空间形态到城市设计的分析操作过程[9]；朱文一在《空间・符号・城市：一种城市设计理论》中，从符号学的角度构建了人们生存空间的逻辑演绎框架，并探讨了中西方城市空间的特征及演进规律[10]；田银生等人在《城市形态学、建筑类型学与转型中的城市》中，基于英德两国的康泽恩城市形态学和意大利的建筑类型学，探讨了中国城市特色空间的保护与发展[11]；等等。

除此之外，随着我国遗产保护观念从关注遗产本身到重视空间内涵的转变，越来越多的学者开始从历史空间保护的角度对城市空间进行探讨，如阮仪三曾运用城市形态学、类型学理论探讨了历史街区的持续整治和保护的设计方法[12];许媛媛从文化遗产保护视角出发,对古镇文化遗产及空间形态进行分析研究,提出对古镇整体性保护和发展方法[13];庄嘉其运用图像学的方法对苏州古代历史图像进行分析,提炼出苏州古城的空间意象,以此总结出古城城市空间特征,为苏州古城的保护与再开发提供了参考[14];林冬娜从保护历史公共空间的角度,对揭阳古城内的历史公共空间形态进行了分析评价,并提出了历史公共空间保护设计应遵循的场所塑造设计方向[15]。

2. 定量研究

随着数字空间的信息化技术变革,应用各种数学的、仿真的、统计的技术手段已成为空间研究的发展方向。当前空间研究已从以定性为主逐渐转变到定性定量相结合,运用较多的空间技术方法有 GIS、空间句法、元胞自动机模型等。

基于 GIS 及相关技术,克里木·买买提结合生态敏感性理论和空间区划模型,将文化遗产敏感性涉及的相关因子进行定量分析和时空建模,为历史文化遗址保护提供了更为科学合理的分区方法[16];陈妍婧对汉中历史街区的空间特征进行调研分析和梳理评估,并基于评估结果划定历史街区的保护范围、制定历史建筑与街巷的分级保护建议与措施[17]。

基于空间句法,竺剡瑶论述了城市空间整合度的量化途径与方法,并以西安市为例,分析揭示了片区内建筑遗产对城市空间的影响,最终归纳出一套量化的、分析和优化城市空间系统的方法[18];郑子寒利用空间句法中的轴线法与视域分析法,对江南私家园林的空间特色与景象特征进行量化分析,并分别从宏观、微观层面探讨了园林景象营造的规律[19]。

基于元胞自动机模型,杨大伟等学者结合了自组织理论,对西安市历史文化特色区域进行城市增长仿真模拟,形成自下而上的规划模型,据此在中长期预测中形成符合城市规划发展战略的空间格局[20];杨少清基于元胞自动机、BP 神经网络相关理论对长春市城市空间形态演变过程进行研究分析,总结了影响城市空间形态的因子,推演了长春市未来的空间发展格局,并从城市定位、城市职能、空间管制等方面为长春提出相应的优化建设建议[21]。

除上述方法外,随着大数据学科的发展,近年来涌现出越来越多的量化方法:王昀通过对世界范围内大量聚落空间形态的调研,提出了集中中心的概念,并以此提出对聚落空间结构的量化分析方法[22]；蒲欣成通过应用景观生态学、分形几何学、计算机编程以及数理分析等方法，提出了研究聚落空间形态特征、结构程度和群化秩序的量化方法[23]；韦林松基于分形理论，运用计盒维数法计算出云浮大田头村聚落中建筑布局形态的分形维数，并基于逆转盒维数的方法生成新的分形形态，以此模拟聚落的景观空间布局[24]；等等。

综上所述，当前我国对城市建筑遗产空间形态的研究处于初始阶段，常将其当作城市空间形态的分支进行研究，而当前城市空间形态的定性研究呈多视角切入、多学科发展的趋势，但随着科学技术的快速发展，单纯的定性研究已无法避免地暴露出其主观性太强的缺陷，因此越来越多的专家学者开始在定量研究方面寻找新的方法，然而单纯的定量研究不仅忽视人文因素的重要性，也不能全面地描述空间形态。因此，运用定性与定量相结合的研究方法是当前城市空间形态研究领域所探索和推崇的。

（三）国外城市建筑遗产空间形态的相关研究现状

目前，国外未明确划分"建筑遗产空间形态"之类的概念，多将其作为城市空间形态的重要组成部分进行研究。城市空间形态最早产生于地理学范畴，重点研究地表上各种聚落形态与地形、地理环境和交通线等关系，之后，随着对城市空间形态研究的不断完善与发展，其逐渐成了城市科学的重要组成部分，因而受到了众多专家学者的关注[25]。国外对城市空间形态的研究大致上可分为城市空间形态特征研究和城市空间形态演变研究两方面。

1.城市空间形态特征研究

对城市空间形态特征的研究可分为外部空间形态的研究和内部空间结构的研究。

对城市外部空间形态的研究主要包括有对城市外部形态轮廓、片区空间肌理以及外部空间形态特征的研究。国外对于城市外部空间形态的研究理论最早始于对理想城市模型的探讨[26]，如霍华德提出的田园城市，赖特提出的广亩城市以及柯布西耶的光辉城市理论等[27]；之后，凯文林奇在《城市形态》中分析了各城市形态的形成原因，并将其划分为线性、放射性、棋盘性等九种城市类型；在外部空间形态特征研究方面，芦原义信在《外部空间设计》中融合了诸多学者对建筑空间的研究与实践，提出了一套影响至今的外部空间设计与方法论；杨·盖尔在《交往与空间》一书中，从满足人们社会交往和公共活动需求的角度对城市外部空间进行研究，并提出了相关的空间论与方法论。

对城市内部空间结构的研究主要是指对城市空间内部局部与整体、各功能空间等的内在联系的研究。1923 年，美国社会学家伯吉斯通过对芝加哥城市内部空间结构的研究分析，总结出城市社会人口流动对城市地域分异的 5 种作用，并提出了著名的同心圆理论[28]；1933 年，德国地理学家克里斯托勒通过分析城市空间与规模的关系，提出了中心地理论[29]；1939 年，霍伊斯从强调交通线路对住宅区分布及空间形态的作用角度，提出了扇形理论；1945 年，哈里斯和乌尔曼通过对美国各类型城市空间形态的研究，提出了多核心理论。以上是奠定了西方城市空间结构理论基础的四大经典理论模型[30]。自 20 世纪 50 年代开始，西方国家对城市发展理论的研究逐渐由单一的中心区研究转变为对城郊乃至城市群的研究[31]，如迪肯森将城市内部结构从市中心向外发展的地带进行研究分析，提出了三地带理论[28]。弗朗索瓦・佩鲁提出了增长极理论。之后，随着对交通方式的重视，哈里森・弗雷克提出了以公共交通为导向的发展模式（TOD），以助于避免城市的无序蔓延并形成紧凑的城市空间形态[32]。

2. 城市空间形态演变研究

对城市空间形态演变的研究主要可分为对城市演变方式研究、影响因素及动力机制研究两方面。

国外对于城市空间形态演变方式的研究有：贝里提出了轴向增长、同心圆式增长、扇形扩展及多核心增长等城市空间演变方式；福尔曼认为城市空间形态的演变方式有单核式、多核式、廊道式、边缘式、散布式等；也有学者提出了填充式、蔓延式和卫星城市式等演变方式[33]。

在对城市空间形态演变影响因素和动力机制的研究中，阿隆索通过地价理论对城市空间分布及演变进行了研究分析，并提出了地租进价曲线[34]；M. R. GConzen 通过分析城市空间的变化特征和分布形式，提出了“边缘地带”和“固着界限”的概念[35]；列斐伏尔在《空间的生产》一书中强调了政治干预对空间演变的作用，认为“空间的本质是一种政治行为”，并提出了“生产空间”的概念；近年来，越来越多的专家学者在城市空间形态演变影响因素和动力机制研究领域提出了新的研究成果，如城市整体理论等[36]。

综上所述，目前国外对于城市空间形态的研究已日益成熟和系统。本文将从城市外部空间形态特征视角，对贵阳城建筑遗产空间形态多样性进行研究探索。

二、贵阳城建筑遗产空间的相关研究

贵阳城作为苗疆古驿道上的重要节点城市，有着丰厚的文化遗产资源，具有较高的研究价值。然而目前国内对贵阳城的研究并不多，在中国知网文献总库并列主题"贵阳城""贵州卫"和"贵州府"进行模糊检索，截至 2020 年 8 月，与以上主题有关的文献总量为 138 篇，发文量呈逐年增长趋势，其研究视角主要有史学、民族学、地理学、旅游学、文学和建筑学。

在史学和民族学视角下，王东民对贵州古城的出现与发展及其对贵州地区的影响作用进行了探究，得出贵州古城即贵州卫所这一论证[37]；汤芸、张原和张建通过对明代贵州的卫所城镇进行初步的历史人类学考察，试图对明代贵州的城市化进程展开讨论，从而为探讨西南边陲地区在被纳入国家体系过程中，国家中心与边缘地带的关系、民族互动关系、区域贸易关系等问题提供全新的视角[38]；范松对贵州城的建城历史进行了总结梳理，并对其名字由来及扩城事迹进行了记录[39]。

在地理学视角下，马琦、韩昭庆和孙涛借助古地图、地名学等方法和 GIS 手段，以贵阳府和安顺府为重点复原贵州插花地，并探讨其分布特征及成因[40]；谢红生对贵阳地名的演变进行了记录，并对贵州的建置源流、城建源流、地名源流和建制源流进行了分析阐述[41]。

在旅游学和文学视角下，苏维词从城市地域范围（规模）、经济社会结构、职能结构、形态结构等方面阐述了贵阳城市地域结构演变的基本特征、趋势，探讨了城市地域结构演变的驱动力因子，并对近代贵阳城市地域结构演变所带来的系列环境效应进行了分析评述[42]；黄成栋对贵阳城内有文化符号的十六座老石桥进行阐述，记录了其所承载的贵阳城人文历史、民俗及传说[43]。

在建筑学视角下，杨钧月、周捷和方秋铧梳理了贵阳老城核心区域文物保护单位分布信息，识别出该区域内潜在文化街道，并运用大数据空间计算和数据分析技术，将范围内的文化街道空间分为封闭型、紧密型、半开放型和开放型四类，并依据文物特征和街道类型提出文化街道空间塑造方法的思考[44]；吴熙基于市委、市政府提出的"疏老城、建新城"战略举措，对贵阳城的历史文化脉络进行了梳理，并提出了相关的规划措施及策略思考[45]。

综上所述,目前国内对贵阳城历史建筑空间的研究较少,其中多集中在对城市演变梳理、相关历史文化特征总结及文化塑造等方面,建筑学领域的研究处于起步阶段,从保护与微更新视角探讨建筑遗产空间形态特征的研究尚未出现,从文化线路历史背景带来的遗产多样性及空间形态多样性进行的研究也未曾开展,因此本研究从苗疆古驿道文化线路视角切入,以遗产空间形态特征保护与利用为目标导向展开相关研究。

三、文化线路视角的相关研究

我国作为四大文明古国,有着悠久的历史和丰富的文化线路遗产资源,随着文化线路遗产保护意识的增强,我国于 2014 年成功将“丝绸之路”“中国大运河”列入世界遗产名录,为城市文化遗产保护带来了新的视角[46]。

在中国知网文献总库以“文化线路”为主题进行模糊检索,截至 2020 年 8 月,有关“文化线路”主题的文献达 873 篇。如图 1-1 所示,国内对文化线路保护方面的研究起步较晚,大致从 2005 年开始逐步受到国内学者的关注,但近 20 年来关于“文化线路”方面的研究热度持续走高,总体文献篇数虽不多但呈逐年增加趋势,我国在该方向的研究还处于较为稚嫩的初始阶段。

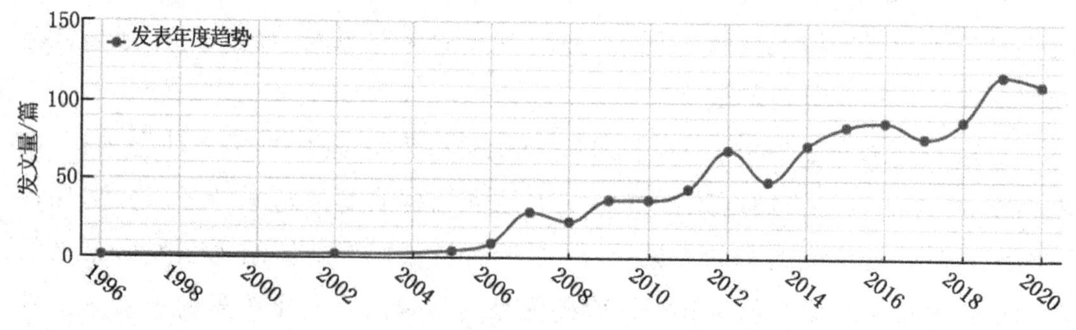

图 1-1 “文化线路”主题文献发文量趋势分析

随着国内学者对文化线路保护的日益重视和对我国历史文明研究的逐步深入,国内相关学者开始对丝绸之路、茶马古道、蜀道等具体的文化线路进行路线界定、踏勘考释、遗址保护等研究[47]。在研究内容上,我国对文化线路的研究大体可分为三个阶段:2005—2007 年处于概念引入阶段,研究主要集中在对文化线路概念及相关理论的解读上;2008—2010 年处于研究深入阶段,研究领域开始逐渐变广,学者们开始结合国内文化线路情况进行具体分析研究;2011 年至今处于研究扩展阶段[48]，因丝绸之路、京杭大运河、茶马古道等众多文化线路日益受到重视，研究对象及内容也得到了扩展，其沿线的传统聚落、传统建筑、景观、城市群等也日益受到学者们的重视，成为当前的学术研究热点之一；总的来说，目前国内对文化线路方面的研究主要包括有对国内外文化线路的概念及研究进程梳理、价值评价研究、旅游发展研究和遗产保护规划研究 4 个方面，以下为对各学者近年来在文化线路保护领域研究的简要梳理。

(一)在文化线路的概念及研究进程梳理方面

李伟、俞孔坚梳理了文化线路保护的发展历程和发展动态，将其与遗产廊道进行比较，并结合我国国情对我国的文化遗产保护及区域规划提出建议[49]；单霁翔通过回顾“文化线路”概念的形成和发展历程，分析了文化线路遗产的特点及保护意义，从而提出了相关的保护措施建议[46]；戴湘毅、姚辉梳理分析了国际相关的遗产法规和重大遗产事件，归纳总结了国际文化线路的理念演进，并对中国文化线路申报世界遗产的历程进行了梳理回顾[50]。

(二)在文化线路的价值评价研究方面

我国对文化线路的价值评价多以定性研究为主，包含对文化线路的历史价值、文化遗产价值、美学价值、科技价值以及旅游价值等方面的评价研究。俞孔坚、李迪华和李伟从文化遗产的价值、现实功能的价值、区域生态基础设施的价值和休闲通道的价值对京杭大运河的基本价值进行了分析解读，并以此为基础提出了相应的保护规划建议[51]；阙维民、宋田颖从文化遗产线路视野出发，对京西古道的遗产资源和遗产环境进行研究，分析阐述了京西古道的历史遗产价值，并提出了保护规划建议[52]；白瑞、殷俊峰、尤涛对滑县至浚县卫河段运河遗产的特征进行了研究，对该段运河遗产的特点、属性、生态价值和休闲价值进行分析解读[53]。

(三)在文化线路的旅游发展研究方面

汪芳、廉华借鉴“文化线路”的理念提出“线型旅游空间”的概念，并以京杭大运河为例分析其空间特征，从而提出大运河旅游规划发展建议[54]；王立国、陶犁等运用专家评价和相关地理学的方法，借助 GIS 对西南丝绸之路（云南段）廊道空间进行分析，提出了确定廊道范围的计算方法，并从节点、通道、域面三个方面对其旅游空间进行构建，从而为西南丝绸之路的保护开发提供了借鉴[55]；郭卫宏、李宾等在解读乡村振兴背景与溉洞古道的文化线路特征基础上，结合溉洞古道上南平村的现实情况，从旅游产业发展、人居环境提升、乡村治理保护三方面，构建以旅游发展为导向的南平村乡村振兴方法[56]。

（四）在文化线路的遗产保护规划研究方面

王景惠在分析文化线路概念的内涵、特点、内容和价值的基础上，提出了文化线路保护规划的标准和思路：第一，保护对象的确定和价值认定；第二，保护规划内容框架；第三，保护规划的保护控制措施[57]；镇淑娟、白瑾等探讨羊楼洞作为中俄万里茶路文化线路起点的保护性开发方式，提出了线性文化遗产的节点在开发保护中应当在尊重文化线路整体氛围的基础上，结合节点本身的文化和风貌特色，从街道形态、空间布局、建筑、基础服务设施和特色细部等方面出发，完成从宏观到微观的重要节点的保护性开发[58]；李效梅、杨志强等从文化哲学的角度解析贵州文化保护建设的系统性缺失与核心价值定位局限的问题，进而倡导基于古苗疆古驿道文化内涵与价值构建其申遗理论研究范式[59]；刘怡、雷耀丽在文化线路视域下，结合对陇海铁路沿线（关中段）重要纺织工业遗产资源的调查和评估，从遗产要素、遗产环境和遗产廊道三个层面建立整体性保护框架和相应的保护策略[60]。

综上所述，经过 20 余年的发展，文化线路的研究已在我国渐成热点，且取得了较大的进展：第一，研究对象丰富：随着对不同文化线路的挖掘和实证，越来越多的运输线路、贸易线路、政治线路及宗教线路等多类文化线路得到学术界的关注；第二，研究方法转变：随着技术手段的日益成熟，当前国内对文化线路的研究逐步从定性研究发展到定性与定量研究相结合，使研究更具科学性和说服力；第三，研究内容扩展：随着对文化线路研究的日益深入和研究的具体化，当前国内对文化线路的研究不仅是对其线路本身的保护研究，还涉及对线路上的建筑、村落、集镇和城市群等的保护；第四，多学科综合：随着对文化线路研究的日益重视，国内对文化线路的研究领域逐渐变广，逐步形成文化学、建筑学、规划学、景观学、考古学、旅游学、史学和地理学等多学科共同参与的局面[48]。我国虽在文化线路的研究上取得了较大进展，但目前还处于较为稚嫩的研究探索阶段，仍存在不足之处，如缺乏深入的定量研究、缺乏线路上的城市建筑遗产研究的方法论探讨、缺乏多样性视角的研究等。

四、本研究的角度

（一）文化线路历史背景带来贵阳城建筑遗产类型多样性保护的研究角度

贵阳城作为苗疆古驿道文化线路的重要节点城市，拥有独特的保护价值、文化内涵与文化遗产多样性，对此，本研究基于文化线路保护文化多样性的角度，首先对贵阳城建筑遗产进行文化类型多样性研究。

（二）将建筑遗产本体及其周边城市空间作为一个整体的建筑遗产空间单元的研究角度

随着我国遗产保护观念从关注遗产本身到重视空间内涵的转变，越来越多的学者开始注重对遗产周边城市空间的保护研究。然而，当前从遗产保护的角度对城市空间的研究大多停留在对保存较为完整的片区状古镇、古城的空间形态研究，缺乏对散点状分布的建筑遗产的城市空间的研究。本研究将点状的建筑遗产与周边城市空间整合为建筑遗产空间单元整体，展开城市各类建筑遗产空间单元形态多样性研究。

（三）以解析城市建筑遗产空间单元群体历史文脉为目标导向的研究角度

当前国内对文化线路的研究大多是对其沿线聚集的城市群、村庄群的研究，很少探讨文化线路对节点城市建筑遗产空间分布的影响。本研究从文化线路对节点城市产生文脉影响的视角出发，以解析城市建筑遗产空间单元群体的历史脉络为目标导向，展开城市各类建筑遗产空间分布形态多样性研究。

第三节 相关概念

一、文化线路城市建筑遗产多样性

(一)文化线路遗产

2008年国际古迹遗址理事会制定了《关于文化线路的国际古迹遗址理事会宪章》,将文化线路纳入了文化遗产研究系统内容中,提出文化线路是指“任何交通线路,无论是陆路、水路还是其他类型,拥有清晰的物理界限和自身所具有的特定活力和历史功能为特征,以服务于一个特定的明确界定的目的,且必须满足以下条件:首先,它必须产生于并反映人类的相互往来和跨越较长历史时期的民族、国家、地区或大陆间的多维、持续、互惠的商品、思想、知识和价值观的相互交流;其次,它必须在时间上促进受影响文化间的交流,使它们在物质和非物质遗产上都反映出来;最后,它必须集中在一个与其存在于历史联系和文化遗产相关联的动态系统中”。

显然,文化线路遗产宪章理论强调历史区域内文化多样性的存在及其互动交流的存续,强调文化线路遗产是一个“文化多样性的存在及其互动交流的存续的动态系统”。

(二)文化线路城市建筑遗产多样性

建筑遗产是指人类在历史上创造的、以建筑物(或构筑物)的形式呈现的物质文化遗产[61]。但并不是所有建筑遗存都是建筑遗产,成为建筑遗产须具备两个基本条件,一是具有一定的历史,二是具有一定的保护意义。然而人们对于遗产保护意义的认识处于不断的发展变化中,与之相应,建筑遗产的内容与范围也不断发生着变化。因此,与“文物保护单位”“名录历史建筑”等清晰且严格的法定保护概念不同,建筑遗产概念的界定并不明确,由于属于文化和学术上的定位,其涵盖内容比法定建筑遗产更广泛,除包括文物建筑外,还包括一些尚未列入文物建筑但具有一定保护意义的建筑。

文化线路遗产理论认为,“各自看似孤立的景观、遗址等有形物质遗产被置于相关的无形文化背景中而连为一体”[62]，“其历史文脉已经生成或仍在继续生成相关的文化要素”[63]，只要现有遗存背后的无形文化脉络继续存在，就可以被赋予保护意义成为“遗产”。

文化线路上的城市，如果至今仍是一个“文化多样性的存在及其互动交流的存续的动态系统”，那么文化线路遗产理论会对该城市的建筑遗产保护研究带来新角度，该角度的核心即是指建筑遗产的文化多样性类型。通常，城市建筑遗产类型的划分，有以衙署类、民居类、商贸类等功能为原则的划分方式；或者以时间为线索划分为明代、清代等类型。而文化线路上的城市建筑遗产，是根据文化线路遗产宪章理论从线路文化源流多样性角度来识别城市的建筑遗产文化多样类型。

二、城市建筑遗产空间形态

(一)城市空间形态

空间是物质存在的一种客观属性，形态(morphology)一词源于希腊的两个词根，“morph”意为“外形与结构”，“ology”意为“逻辑”，可被理解为形式与结构的逻辑。空间形态包括空间的“形”与“态”两种成分，分别对应空间的客观物质形状(长、宽、高、色彩、材质等基本特征)、空间的形式逻辑以及组织结构。空间形态是描述空间的外在表现概念，是人们认识和感知空间的意象总体，是物质形态与非物质形态的有机结合体，是空间物质文化信息、精神文化信息的综合体。

城市空间形态是空间形态的分支，目前国内对其的定义有广义和狭义之分，广义的城市空间形态包含城市空间的有形形态与无形形态两部分，是一种复杂的经济、文化现象和社会过程，是在特定的地理环境和一定的社会经济发展过程中，人类各项活动与自然因素综合影响下的结果，是人们通过认识、感知并反映出的城市意象的总和[15]；狭义的城市空间形态一般是指在某一时间内，在自然环境和社会经济发展等因素综合影响下所呈现出的城市物质环境构成的有形形态，该形态实质上也是城市空间无形形态的表象。

(二)城市建筑遗产空间形态

迄今为止，国内外并没有相关文献对“城市建筑遗产空间形态”做明确的解释与定论。本研究认为城市中的建筑遗产空间虽是依据建筑遗产来界定的空间范围，但其实质亦是城市空间的子系统，因此对城市建筑遗产空间形态的定义亦有广义与狭义之分。本研究是从狭义的城市建筑遗产空间形态定义出发，认为城市建筑遗产空间形态是受城市自然、经济、文化等众多因素综合作用所呈现出的、由建筑遗产及其影响域内物质环境构成的有形空间形态。

如同城市建筑遗产是一个群体性概念一样，城市建筑遗产空间也是一个群体性概念，是由城市内各个建筑遗产空间单元构成的空间群体。因此，城市建筑遗产空间形态的研究就有了两个尺度，即个体尺度的建筑遗产空间单元形态研究和群体尺度的建筑遗产空间分布形态研究。

“城市建筑遗产空间形态”在本研究中常简称为“建筑遗产空间形态”。

三、城市建筑遗产空间形态多样性

文化线路上的城市建筑遗产空间形态多样性以城市建筑遗产多样性类型划定为前提。城市建筑遗产空间形态解析的两个尺度可准确表述为：基于类型的建筑遗产空间单元个体尺度、基于类型的建筑遗产空间单元群体尺度（基于类型的建筑遗产空间尺度）。

（一）城市建筑遗产空间单元

城市建筑遗产空间单元是个体尺度概念，具体是指人们视觉感知到的建筑遗产及其周边环境的整体性空间。该概念的引入是以城市空间更新实践为背景、城市建筑遗产空间保护为目标导向，是针对非历史名城建筑遗产保护命题而提出来的学术概念。

遵循遗产建设控制地带 100m 控制距离的观点，本研究认为城市建筑遗产空间单元是以建筑遗产边界轮廓线作为基准中心点线，在城市空间俯视二维平面的基准中心点半径 100m 范围内，由视线或路线可直达的空间领域构成，周边建筑作为视线阻挡或路径阻挡的边界，无建筑阻挡情况下则默认距离 100m 处为边界。

（二）城市建筑遗产空间单元形态多样性

城市建筑空间单元形态多样性是指基于建筑遗产类型的建筑遗产空间单元

形态多样性，具体是指各类建筑遗产空间单元的构成要素形态及其多样性。建筑遗产空间单元构成要素形态包括：建筑形态、边界形态、结构形态。多样性就是指这些要素形态表现出来的形式或类型的多样状态，例如形式或类型的丰度、具有这一形式或类型的个体多度等。

（三）城市建筑遗产空间分布形态多样类型

城市建筑遗产空间分布形态多样类型是指基于建筑遗产类型的建筑遗产空间单元群体分布形态的多样类型，具体是指各类建筑遗产空间的地理空间分布形态、城市空间分布形态的多样类型。

第四节 研究内容与目标

一、研究区域与对象

此次研究的研究区域为贵阳老城区。《贵阳市城市总体规划（2011—2020年）》《贵阳市老城区控制性详细规划（2009）》将北至黔灵、鹿冲关一带接小关，东至顺海、东山、图云关，南至后巢、中曹、甘荫塘一带与小河区相接，西至黔灵山脉划定为贵阳老城区，区域总用地面积为 81.62 平方公里。研究对象为贵阳老城区内体现文化线路多元文化类型的现存建筑遗产空间。据统计，贵阳老城区内现存这类建筑遗产 53 处，构成了 49 处建筑遗产空间单元。

二、研究内容

（一）贵阳城建筑遗产类型识别与多样性分析

通过文献阅读法和古代城市地图转译法，结合苗疆古驿道文化线路的形成过程，对贵阳城的历史沿革进行梳理，分析贵阳城多元文化类型，梳理贵阳城建筑遗产信息并进行文化类型识别及多样性数理分析。

(二)贵阳城各类建筑遗产空间单元划定及形态多样性研究

基于建筑遗产类型,首先划定贵阳城各类建筑遗产空间单元;其次展开各类建筑遗产空间单元形态研究及多样性研究,具体包含建筑形态特征及多样性、边界形态特征及多样性、结构形态特征及多样性。

(三)贵阳城各类建筑遗产空间分布形态多样性研究

基于建筑遗产类型,展开贵阳城各类建筑遗产空间分布形态多样类型研究,具体包含地理空间分布形态多样类型、城市空间分布形态多样类型。

(四)保护策略探讨

首先分析贵阳城各类建筑遗产空间单元形态多样性成因和贵阳城各类建筑遗产空间分布形态多样类型成因;其次结合贵阳城各类建筑遗产空间形态多样性研究成果,分别从建筑遗产类型多样性角度、空间单元形态多样性角度、分布形态多样类型角度探讨城市建筑遗产空间保护策略。

三、研究目标

第一,结合苗疆古驿道文化线路,梳理贵阳城建筑遗产信息并进行文化多样性类型研究,获得濒危类型认识,为城市建筑遗产类型多样性保护实践提供基础数据。

第二,通过各类建筑遗产空间单元形态多样性研究,获得各类建筑遗产空间单元形态特征及多样性特征认识,为城市建筑遗产空间单元尺度的保护研究与实践提供基础资料。

第三,通过各类建筑遗产空间分布形态多样性研究,获得各类建筑遗产空间分布形态特征及多样类型认识,为城市建筑遗产空间单元群体尺度的城市潜在文脉格局保护研究与实践提供基础资料。

第五节　研究方法与技术路线

一、基础研究方法

(一)文献研究法

根据研究内容搜集整理相关文献与资料，并明确国内外相关研究的动态与趋势，为本研究奠定基础。文献收集主要分为两个方面，一方面是对建筑遗产空间保护与发展的相关研究进行梳理，为本文的研究提供基础理论的支撑；另一方面要对贵阳市的地方志、图纸资料、调查统计资料进行收集和研读，为梳理贵阳城建筑遗产空间信息提供依据。

(二)古代城市地图转译法

古代城市地图转译法是一种在现代矢量地图上精确表达历史文化空间信息的技术方法[64]，即通过对古代城市地图中所携带的历史信息进行梳理，将这些历史信息以空间要素的形式进行分类、重组和关联，并在此基础上结合现代矢量地图重建城市历史空间的结构脉络，从而更好地对城市建筑遗产空间进行分析解读和保护发展规划。据此，本研究结合古代城市地图转译法，基于贵阳城历史地图，梳理贵阳城建筑遗产信息，并以此为基础划定贵阳城建筑遗产空间单元。

(三)田野调查法

通过图片拍摄、现场观察等方法对贵阳城内相关的建筑遗产空间单元进行实地调研，例如借助相机、无人机等工具对相关空间形态进行拍摄、扫描、测绘。

(四)图纸分析法

一方面，通过搜集并转译不同时期的贵阳城历史地图，梳理贵阳城建筑遗产空间脉络；另一方面，以贵阳城内相关的建筑遗产空间现状图为基础，结合实地调研、测绘，运用 AutoCAD、Photoshop 等制图软件对空间的形态、组织及构成要素进行绘制、记录和梳理。

（五）定性与定量相结合的方法

将定量研究的结果结合定性分析的方法，对贵阳城建筑遗产空间形态特征做出较为全面的解析。其中运用到的定量方法包含空间边界形状指数、多样性指数、空间句法、Delaunay 三角剖分等方法。

（六）不同尺度解析的方法

本研究是从狭义的建筑遗产空间形态定义出发，认为建筑遗产空间形态是受自然、经济、文化等众多因素综合作用体现出的物质空间形态特征。同时，结合文化线路群体性的保护思想，将城市的建筑遗产空间看作由各类建筑遗产空间单元集群构成的整体。因此，城市建筑遗产空间形态多样性解读具有两个尺度，一是建筑遗产空间单元尺度，二是建筑遗产空间单元群尺度。

对于城市各类建筑遗产空间单元形态多样性分析，其目的在于分析出各类建筑遗产空间单元形态的基本特征。通过各类建筑遗产空间单元形态要素的形态解读，进一步分析出各类建筑遗产空间单元形态要素的多样性特征、共性特征、差异性特征，从而基于这些特征展开保护策略探讨。

对于城市各类建筑遗产空间分布形态多样性分析，其目的在于分析出各类建筑遗产空间的分布形态类型特征，以便基于这些特征展开保护策略探讨。

二、“多样性”研究方法

（一）生态学多样性研究方法借鉴

多样性作为科学研究概念，在生态学领域使用最为广泛，用以分析群落属性。研究者通常感兴趣的是群落中的物种数（物种丰度）、物种多度、多度分布均匀性、多样性指数以及物种性状多样性、立地环境多样性等。这些多样性研究具体介绍如下。

物种数、物种多度、多度分布均匀性、多样性指数等量化指标可理解为群落的物种多样性数量特征指标。本书的第二章至第四章中都借鉴应用了这些指标。

物种性状方面的多样性研究，是指研究区域内物种的性状多样性特征研究。本研究借鉴该视角，在第三章中讨论贵阳城建筑遗产空间单元结构的斑块构成及面积大小，就是对各类建筑遗产空间单元结构性状多样性特征的研究。

立地环境多样性研究，是指研究区域内物种的生境多样性研究。本研究借鉴该视角，在第四章中讨论贵阳城建筑遗产空间分布形态的多样类型，就是将地理空间环境、城市空间环境作为各类建筑遗产空间的立地环境，研究贵阳城各类建筑遗产空间的地理空间（三角剖分网络）分布形态、城市空间（街巷句法网络）分布形态及多样类型。

（二）多样性数量特征指标

本研究借鉴生态群落理论视角[65]，多样性数量特征指标除了选用常见的多度、多度向量、丰度指标外，还选用香浓指数、辛普森指数与均匀度指数来表征[66]：

1. 丰度

丰度表示研究对象群体中类型的多少。若有 n 种类型，那么，丰度 $S=n$。

2. 多度

通过向量表示研究对象群体中的各类型个体数量。若类型丰度 $S=n$，各类型多度分别是 $a_1,\cdots,a_n$，那么多度向量可表示为：

$$A_{st}=(a_1,\cdots,a_n)$$

3. 香浓指数（Shannon）

$$H=-\sum_{i=1}^{S}P_i\ln P_i$$

4. 辛普森指数（Simpson）

$$D=1-\sum_{i=1}^{S}P_i^2$$

5. 均匀度指数

$$J_{Si}=D/(1-1/S)$$

以上式中：S 表示类型丰度，本书指各个研究层面上的类型数，P_i 表示第 i

个类型的个体数占所有类型总个体数的比例。

三、技术路线

本研究的技术路线如图 1-2 所示。

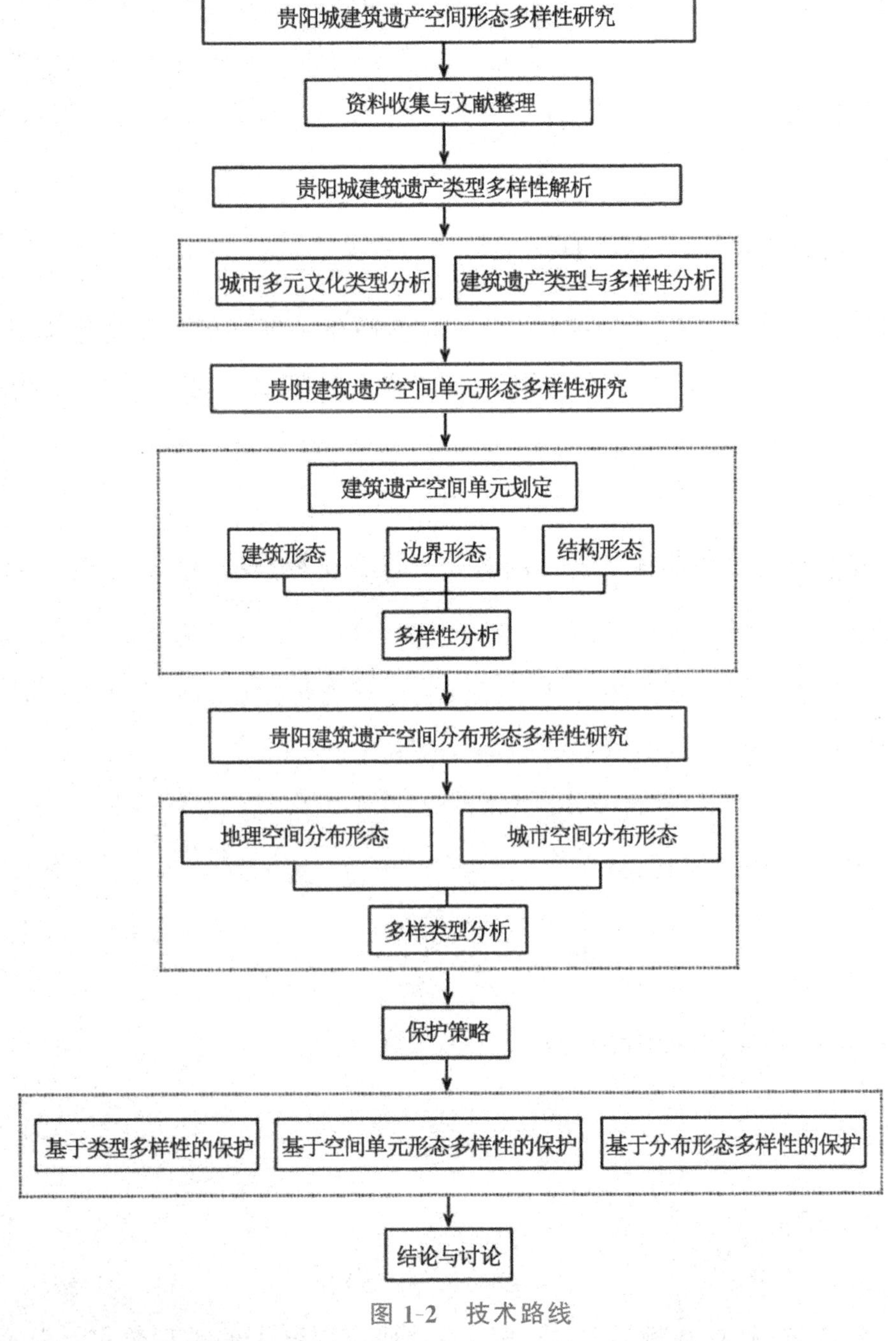

图 1-2　技术路线

第二章

贵阳城建筑遗产类型及多样性分析

第一节　文化线路视野中的贵阳城文化多样性分析

一、历史贵阳

(一)苗疆古驿道形成历史

苗疆古驿道又称贵州“一线路”古驿道,也有“古苗疆走廊”“湘黔滇驿道”等多种表述,是指元明清时期连接湖广与西南边陲云南省的一条重要驿道,是明代为了构建国家从西北到西南的整体国家防御体系而构筑的一条自湖广经贵州至云南的“通道”。这条驿道不仅直接导致了贵州省的建省,而且此后也全盘影响了贵州省的政治、经济、文化的发展及民族关系的变迁。同时,它也是明朝之后“南方丝绸之路”的主要线路,是维系东南亚与中国的“朝贡关系”、进行国际交流的重要国际通道[67]。

根据《中国边疆史地研究》的记载可知,该通道系元至元二十八年(公元1291年)新开之驿道,起自今湖南省常德市,沿水陆两路溯沅江而上,经桃源、沅陵、怀化、芷江、新晃等地进入贵州省,然后至镇远改行陆路,东西横跨贵州中部的施秉、黄平、凯里、麻江、福泉、龙里、贵阳、清镇、平坝、安顺、关岭、晴隆、盘县等后进入云南省,经过富源、曲靖、马龙等地后至昆明[62]。明代王士性《广志绎》中记载:“出沅洲而西,晃州即贵竹地;顾清浪、镇远、偏桥诸卫旧辖湖省,故犬牙制之。其地止借一线之路入滇,两岸皆苗”“西南万里滇中,滇自为一国,贵竹线路,初本为滇之门户,后乃开设为省者,非得已也”。[68]国家在贵州开辟一条道路,“借一线之路入滇”,其目的在于连通云南和湖南,使云南与中国核心经济区联系起来。郭子章《播平善后事宜疏》对于作为“通道”的贵州写道:“贵州四面皆夷。中路一线。实滇南出入门户也。”

苗疆古驿道的开辟与贵州建省有着密切关系。据《试论明代贵州卫所》《贵州文史丛刊》记载,明初征服云南后,进而在驿道沿线设置卫所,以图固守。贵州建省之前,明王朝就先于明洪武十五年(公元1382年)建立了省级军事单位的“贵州都指挥使司”,沿驿道设置了十八卫、二所。贵州建省后,据研究,先后设置在贵州省内的卫所共有三十卫、一百四十余所,其规模远远超过为这条驿道所连接的云南与湖广两省,由此可见明王朝对此驿道的重视程度。可以说苗疆古驿道不仅是维系中原与西南边陲的重要通道,并且对整个西南边疆地区政治格局的变化和“国家化”过程都产生了多方面的重要影响[69]。

(二)苗疆古驿道上的重要节点城市分布概况

苗疆古驿道东起湖南沅陵,西至云南昆明,呈东北至西南走向,跨湘、黔、滇三省,是我国西南边陲与中原腹地联系的重要通道。苗疆古驿道的雏形始于元代,随古驿道一同修建的还有一些小土城、石堡等,但并未出现真正意义上的城市,直至明洪武时期,政府重建元代遗留下来的驿道并在沿线设立了卫所,才慢慢形成了城市。明代时期,该驿道在贵州地域的路线为湖南沅州(湖南芷江)—平溪卫(贵州玉屏)—清浪卫(青溪)—镇远卫—偏桥卫(施秉)—兴隆卫(黄平)—清平卫(炉山)—平越卫(福泉)—新添卫(贵定)—龙里卫—贵州宣慰司—威清卫(清镇)—平坝—普定卫—安庄卫(镇宁)—关锁岭所(关岭)—盘江—安南卫(晴隆)—普安州(贵州普安)—平夷(云南富源)入滇[70]。

根据相关资料记载,可知苗疆古驿道沿线节点城市分布如图2-1所示,其中贵州境内的苗疆古驿道约占其总长度的一半,地理位置又位于中段,承接湖广与云南两个开发水平相对较高的地区,具有“内地边缘”色彩,且其地形复杂,诸多民族杂处期间,正如万历《贵州通志》所记载,“今日之黔,东则楚,西则滇,北则川,南则粤,是腹心而咽喉也”[69],从某种程度上说,贵州存在的意义就是维护这条交通命脉，“盖贵州原非省会，只以通滇一线，因开府立镇，强名曰省”[71]，因此可说贵州境内的苗疆古驿道是整个廊域的重中之重。其中贵阳府是贵州省的政治、经济和文化中心，处于湘黔、滇黔、川黔、桂黔等交通干线的交汇之处，历来被视为滇南门户，也是整个苗疆古驿道的核心地点[72]。

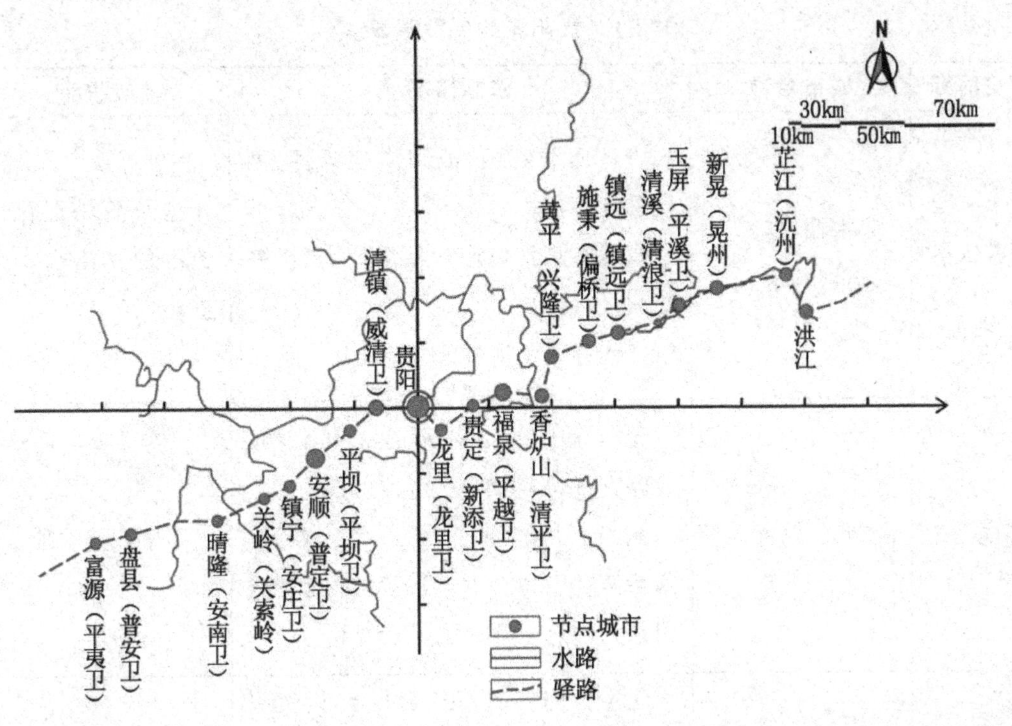

图 2-1　苗疆古驿道及沿线城镇示意图

（三）贵阳城历史沿革

如表 2-1 所示，贵阳城因苗疆古驿道建省，古属牂牁国，唐称矩州，宋称贵州，至元代筑顺元土城，城域狭小，其最初范围东至今老东门、西至大西门、南至大南门、北至今勇烈路口[45]；明洪武十五年（公元 1382 年），贵阳改土城为石城；天启六年（公元 1626 年），贵阳增修外城，其外城扩展至威清门、六广门、红边门等地，形成南北长、东西窄的椭圆形的九门城垣[73]；到中华人民共和国成立前夕，贵阳仍维持着“九门城垣”的城市雏形；1941 年贵阳设市，市区范围 $56.5km^2$。随着封建思想禁锢的打破，现代民主科学思想得以传播，贵阳城市空间布局开始剥离与儒家礼制思想一致的中国古代城市规划理念，同时受战争等特殊突发事件影响，贵阳的人口规模急速膨胀，原有的内外两城的城市空间结构已经不能适应城市向外扩展的需要，直至 1942 年，因城垣制约了贵阳建设的长远发展，贵阳政府成立了拆除城垣委员会，之后数年，贵阳城垣被逐步拆毁。时至今日，贵阳老城区仍是贵阳市的核心，是贵州省委、省政府所在地，是贵州省的政治、经济、文化中心，其建制沿革如表 2-1 所示。

表 2-1　贵阳城建制沿革表

历史时期	城市名称	建制情况	城市职能
唐宋以前	古糯（夏） 贵州（宋）	春秋属牂牁国，战国属夜郎国，两汉属夜郎郡； 唐朝在乌江以南设羁縻州，贵阳属矩州； 宋代称贵阳为贵州	中央管辖西南地区的军事政治重地
元	顺元城（元）	元至元十七年（公元 1280 年）置顺元路宣抚司，翌年改为宣慰司； 元二十九年（公元 1292 年），顺元、八番两宣慰司合并，设八番顺元宣慰司都元帅府于顺元城（今贵阳）	军事政治重地
明	贵阳府城（明）	明洪武四年（公元 1371 年）设贵州宣慰使司，司治贵州； 明洪武十五年（公元 1383 年）置贵州都指挥使司； 明洪武二十六年（公元 1393 年）置贵州前卫； 明永乐十一年（公元 1413 年）置贵州等处承宣布政使司，贵州建省； 明隆庆三年（公元 1569 年）三月，改新迁程番府为贵阳府，贵州得名、设府； 万历十四年（公元 1589 年）置新贵县、治贵阳	黔中军事政治中心、商业中心

续表

历史时期	城市名称	建制情况	城市职能
清	贵阳军民府城(清) 贵阳府城(清)	康熙二十六年(公元1687年)省贵州卫、贵州前卫、置贵筑县与新贵县同城,改贵阳军民府为贵阳府; 康熙三十四年(公元1695年)省新贵县入贵筑县	黔中军事政治中心、商业中心、教育中心
近代	贵阳	1914年废贵阳府设贵阳县; 1941年撤贵阳县设贵阳市,另置贵筑县驻花溪	贵州地区政治中心、商业中心、教育中心
20世纪50—70年代	贵阳	1954年贵筑县划归贵阳市辖; 1958年撤贵筑县建置,将市郊划为花溪、乌当两区	工业中心、政治中心、商业中心、教育中心

二、贵阳城文化多样性分析

贵阳城历史悠久、文化深厚,具有丰富多彩的文化资源。贵州文化“多元共生,和而不同”,其多元文化的融合与发展离不开苗疆古驿道的开辟。自元明清至近代以来,贵州一直被视为“苗疆”的腹地,而“苗疆”内的这条陆路驿道,既是王朝政权控制西南边疆地区的具有重要战略意义的交通动脉,同时也是维系东南亚与中国的“朝贡关系”、进行国际交流的重要国际通道。随着这条古驿道的兴起与发展,贵阳城作为苗疆古驿道的重要节点城市,是联系东西的通廊,更是各族文化的融合界点,承载着多元文化的相互碰撞与交融[5]。基于对苗疆古驿道与贵阳城历史的梳理,从文化来源来看,目前贵阳城内与苗疆古驿道相关的文化类型主要有五类。

(一)土著文化

贵阳城自古以来就是一个多民族聚居的城市,世居着苗族、侗族、布依族、仡佬族等近20个少数民族，是中国民族种类最多、文化最多样的区域[74]。它独具特色的本土土著文化，如马王文化、夜郎文化、黑神文化等，被贵州土著少数民族族群世代相传。

（二）融合文化

随着苗疆古驿道的开辟与兴起，贵阳城作为苗疆古驿道上的重要节点城市，承载着多元文化的交流与融合，在外来文化与土著文化共同作用下产生了一系列被贵州土著接受和推崇的融合文化，如阳明文化、土地神文化等。

（三）移民文化

贵阳城作为多元共生的移民之城，曾是历朝历代坚守边关的驻地，见证了四次大移民（第一次始于明朝初期的调北征南事件，第二次为明朝中期的百姓迁移，第三次为清朝初期商业流通移民，第四次为抗日战争时期的移民逃亡[75]）。历史上的几次外来人口的迁入，赋予了贵阳城多样的移民文化，如儒学文化、道家文化、佛教文化等。

（四）外国文化

苗疆古驿道自开辟以来就是中国与东南亚、南亚诸国间的一条主要陆路国际通道，是连接国际三大经济走廊和国内两大经济带的中间线路[76]。因此，伴随着苗疆古驿道的开辟与兴起，众多外国文化也传入了贵阳。以伊斯兰教文化为例，元朝时就有回族人随元军进入贵州，明清时期大批回族军人、商人随苗疆古驿道迁入贵阳、安顺等地，由此带来了伊斯兰教文化，贵阳府于雍正年间出现清真古寺、回民公墓等外国文化建筑。除此以外，基督教、天主教等外国文化也因苗疆古驿道的发展而得以传播。

（五）三线建设文化

时至今日，苗疆古驿道并非无迹可寻，古驿道遗迹虽已消失，但“线路”仍然存在。近现代以来，贵州的“三线建设”工程以及湘黔滇铁路线和320国道，都是在苗疆古驿道基础上修建的[77]，这是苗疆古驿道文化线路的现代化发展，也为贵阳城带来一系列三线建设文化。三线建设是近代以来我国在中西部地区进行的一场大规模工业体系建设，其中四川、云南、贵州及湘西、鄂西被列为西南三线重点以国防工业和基础工业建设为主体，在此时间段内贵阳城受三线建设的影响，相继出现了一批机床厂、水泥厂、电池厂等工业建筑。

第二节　研究方法

一、建筑遗产梳理方法

（一）古代城市地图转译法概述

我国早在秦汉时期就已出现了大量表现城池、山川的城市地图，西晋时的地理学家裴秀提出了“制图六体”，规范了城市地图的绘制，是中国古代地舆学发展史上重要的里程碑[78]。古代城市地图是古人对城市认知和表达的一种方式，表明了古时城市与地形的关系、古人对城市布局及城市景观的认知等，具有独特的价值，因此“由古代城市地图而考察，是尊重、继承、保护和延续古人创造智慧的思维、方法和认知的一种方式”[79]。

然而，我国虽很早就已掌握了城市地图的绘制方法，但大多数古代城市地图却常常不讲求尺度、距离的准确。因此，随着对古代城市地图研究的深入，学者们提出在现代矢量地图上精确表达历史文化空间信息的历史地图转译技术方法[64]，即通过对古代城市地图中所携带的历史信息进行梳理，将这些历史信息以空间要素的形式进行分类、重组和关联，并在此基础上结合现代矢量地图重建城市历史空间的结构脉络，以此形成古代城市空间数据库，从而更好地对城市遗产信息进行分析解读和保护发展规划（表2-2）。

表 2-2 城市历史地图与古代城市地图对比

类比指标	科学性	历史信息评价	空间量化评价	空间特征评价	与现代城市规划的结合
古代城市地图	经验总结,直接表达	信息繁杂,缺乏分类与归纳	绘制误差大,空间定位不精确	重点不突出,信息要素互相干扰,阅读不便	与现代城市空间联系薄弱,缺少使用价值
城市历史地图	建立在现代测量学和城市规划理性基础上	信息分类明确,要素整合度高	绘制误差小,可实现空间定位与度量	内容清晰,各种信息评价相对准确,研究方便	与城市规划体系密切结合,以引导历史环境中的城市规划设计

表格来源:根据参考文献绘制[64]。

在进行古代历史地图空间、信息要素叠合时,可通过建立古代城市地图与现代城市地图间的关联参考系来提高地图叠合的准确性。一般可从两个层面构建城市地图叠合参考体系:一是总体格局层面的关联,即通过城市线性空间格局(包含城墙、道路、河流等线性空间)及面状空间格局(包含山体、湖泊等面状空间)进行叠合关联;二是具体空间点层面的关联,即通过具体的点状空间要素位置(包含建筑物、构筑物、景观点等点状空间要素)进行叠合关联(图 2-2)[80]。

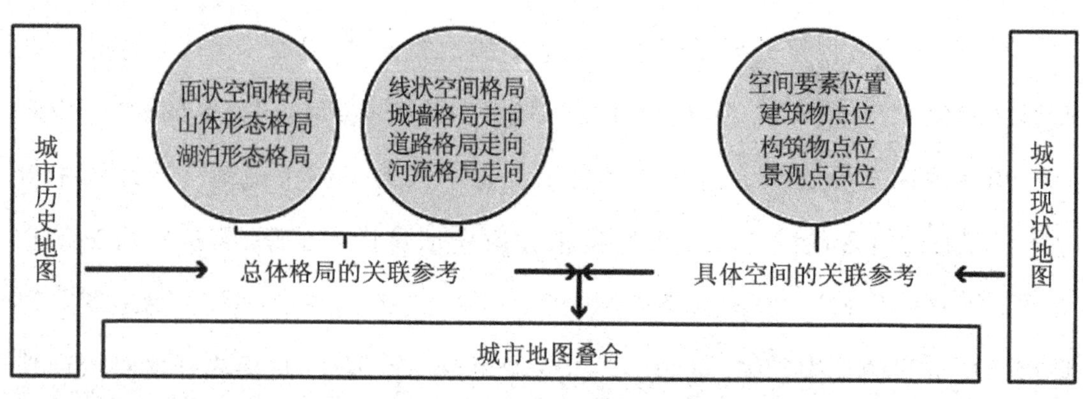

图 2-2 城市地图叠合参考系(根据参考文献绘制[80])

(二)贵阳城建筑遗产梳理原则

从“文化线路”的定义可以看出，文化线路的概念注重某一地域空间下文化的流动性及其相互影响，各个看似孤立的景观、遗址等有形物质遗产被置于相关的无形文化背景中而连为一体[62]。“其动态性和历史文脉已经生成或仍在继续生成相关的文化要素”[63]，在这一理念下，只要现有城市遗存背后的无形文化的脉络继续存在或得到认可，就可被赋予价值成为“遗产”。

因此，本研究结合文化线路视野中的贵阳城多元文化类别，按照建筑遗产所蕴含的文化来源可将建筑遗产信息划分为五类：土著文化类(如黑神庙、马王庙、忠烈宫等)；融合文化类(如阳明祠、君子亭、双土地庙等)；移民文化类(如江南会馆、两湖会馆、湖北会馆等)；外国文化类(如清真寺、福音堂、虎峰别墅等)；三线建设文化类(如电池厂、印刷厂等)。

综上，本研究对贵阳城建筑遗产的梳理原则是该建筑遗产信息是否蕴含以上 5 类文化。

(三)古代城市地图转译下贵阳城建筑遗产梳理步骤

基于古代城市地图转译法对贵阳城的建筑遗产信息梳理及空间整合主要有两个步骤：首先，通过解读贵阳城的城市发展过程，选出历史意义较大、特征较为典型的历史时期，并基于相关的历史地图及文献记载，对以上时期的贵阳城建筑遗产要素信息进行梳理；其次，将整理所得的建筑遗产要素信息加载至现代城市空间系统中，使不同时期的信息在现代空间结构中进行空间再现及坐标定位，以利于从空间和时间维度对各建筑遗产要素进行分析。

二、建筑遗产类型多样性数量特征指标

借鉴应用生态学的物种多样性数量特征指标来展开：

(一)建筑遗产类型丰度

建筑遗产类型丰度表示建筑遗产类型的多少。若有 n 种类型，那么，丰度 $S=n$。

(二)建筑遗产类型多度

建筑遗产类型多度是通过向量表示城市建筑遗产整体中各种类型的个体数量。若建筑遗产类型丰度为 n,各种类型数量分别是 $a_1,\cdots,a_n$,那么城市建筑遗产类型多度向量可表示为:

$$A_{st}=(a_1,\cdots,a_n)$$

(三)香浓指数

$$H=-\sum_{i=1}^{S}P_i\ln P_i$$

(四)辛普森指数

$$D=1-\sum_{i=1}^{S}P_i^2$$

(五)均匀度指数

$$J_{Si}=D/(1-1/S)$$

以上公式中:S 表示建筑遗产类型丰度,P_i 表示第 i 个类型的个体数量占所有类型总个体数的比例。

第三节　贵阳城建筑遗产类型梳理与多样性

一、建筑遗产梳理

迄今发现的最早的贵阳城地图绘于明朝,当前贵州现存最早的地方志为明弘治十三年成书的《贵州图经新志》,直至清代年间才出现贵阳的专属地方志,因此,本研究以1589年、1843年、1911年贵阳城城市地图以及明弘治《贵州图经新志》、清乾隆《贵州通志》、清道光《贵州通志》、近代《贵州通志》和当代编著的贵阳市志等为文献支撑,结合古代城市地图转译法,梳理出贵阳城各历史时期具有的关于前文所述五类文化的建筑遗产信息(梳理过程如图 2-3 所示,建筑遗产详细信息见附录 A　贵阳城建筑遗产统计表)。据统计可知,贵阳城建筑遗产在元朝时期存在 12 处,明朝时期存在 84 处,清朝时期存在 175 处,近代存在 105 处,从 1949 年至 2008 年存在 78 处,总计自元朝以来共存在过 217 处建筑遗产。

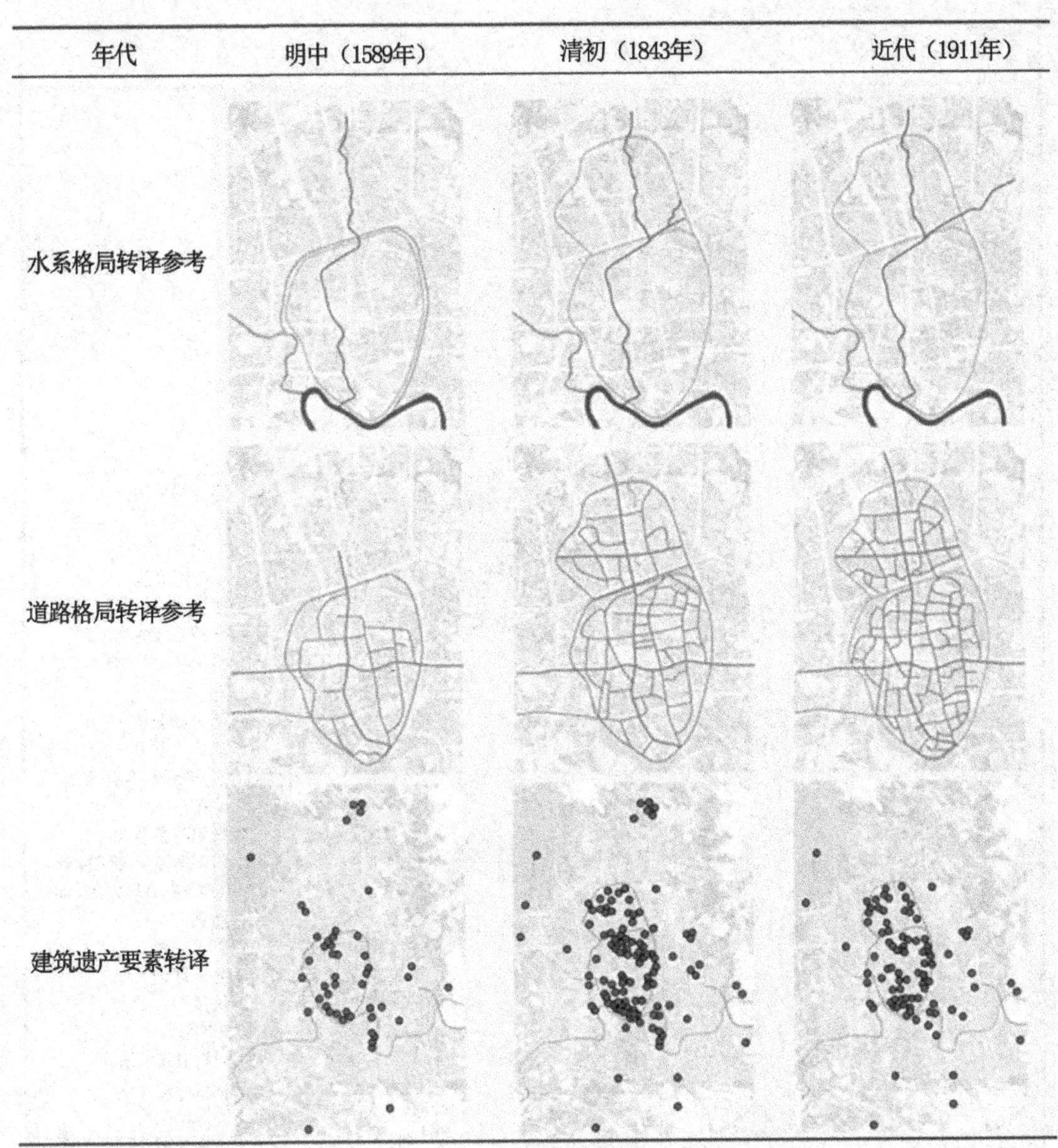

图 2-3　贵阳城古代城市地图转译图

基于前文整理所得的建筑遗产空间点位信息,结合实地调研可知,当前贵阳城内现存文化线路历史背景下的建筑遗产共 53 处(各级文物保护单位 39 处,历史建筑 3 处，其他建筑 11 处），其空间分布情况如图 2-4 所示。

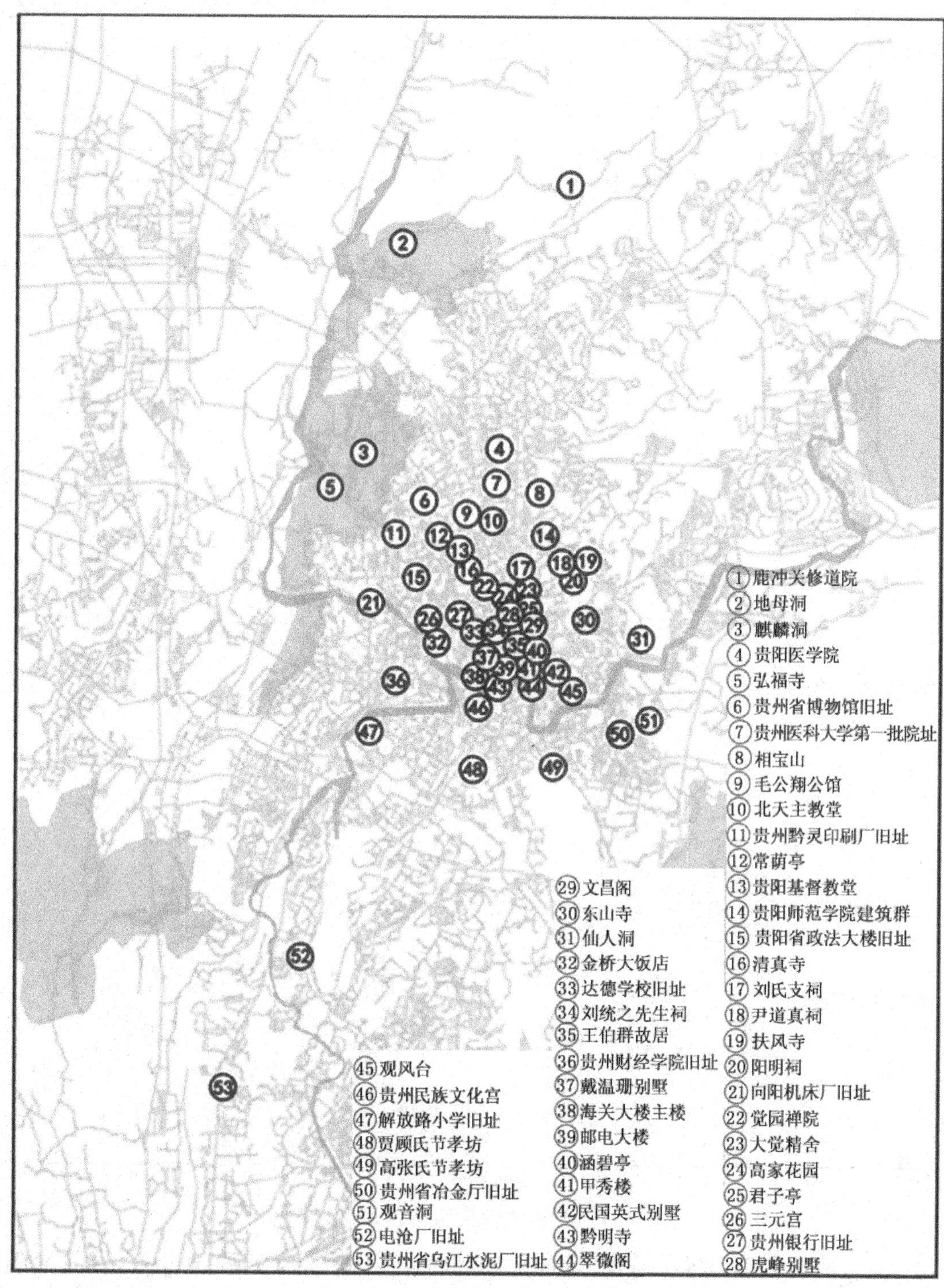

图 2-4　贵阳城现存建筑遗产的空间分布关系

二、建筑遗产类型识别及多样性分析

(一)不同历史时期贵阳城建筑遗产类型多样性分析

基于前文中分析的历史贵阳多元文化类别,按照建筑遗产所蕴含的文化来源可将贵阳城建筑遗产信息划分为五类,包括土著文化类、融合文化类、移民文化类、外国文化类和三线建设文化类。按以上五种类别可将贵阳城建筑遗产信息进行分类梳理(详见附录A　贵阳城建筑遗产统计表),得到贵阳城不同时期各类别的建筑遗产分布图和多度向量(多度向量是生态学中用于描述群落种类基本组成特征的一个概念[81]),见表2-3、表2-4。在进行多度统计时,是按照遗产在该时间段或时间点内是否真实存在进行判定的,如一遗产于明朝修建于近代消失,因其在明朝、清朝和近代段内均存在过,应被纳入3个时段的多度向量统计中(图2-5)。

根据多样性指标可知:第一,多度方面,清时期的遗产数量最多,为175处,近代次之,为105处,元时期遗产数量最少,为12处,当代既存遗产数量次少,为53处;第二,类型丰度方面,中华人民共和国成立至今都保持最多,有5种类型;第三,多样性指数及均匀度指数方面,数据表明贵阳当代现存建筑遗产群体的多样性指数最高,分布均匀度指数也最高。

表2-3　贵阳城不同时期各类型建筑遗产的空间分布关系

明(1368—1644年)	清(1636—1912—)	近代(1912—1949年)	2021年

表 2-4　贵阳城不同时期的建筑遗产类型多样性指标表

年代	建筑遗产多度	建筑遗产类型[①] / 多度向量	类型丰度	香浓指数 H	辛普森指数 D	均匀度指数 J_{Si}
元(1271—1368年)	12	T,R,Y (3,2,7)	3	0.9596	0.5694	0.8541
明(1368—1644年)	84	T,R,Y (7,20,57)	4	0.8118	0.4759	0.7138
清(1636—1912年)	175	T,R,Y,W (6,34,124,11)	4	0.8519	0.4550	0.6067
近代(1912—1949年)	105	T,R,Y,W (3,19,65,18)	4	1.0101	0.5538	0.7384
1949—2020年	78	T,R,Y,W,S (3,11,38,22,4)	5	1.2612	0.6591	0.8238
2021年至今	53	T,R,Y,W,S (2,9,18,20,4)	5	1.3542	0.7063	0.8828

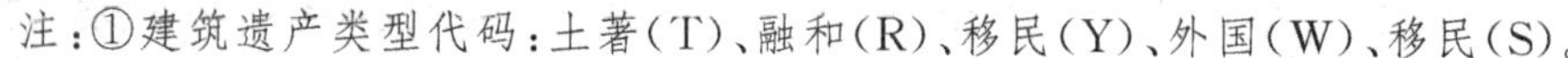
注：①建筑遗产类型代码：土著(T)、融和(R)、移民(Y)、外国(W)、移民(S)。

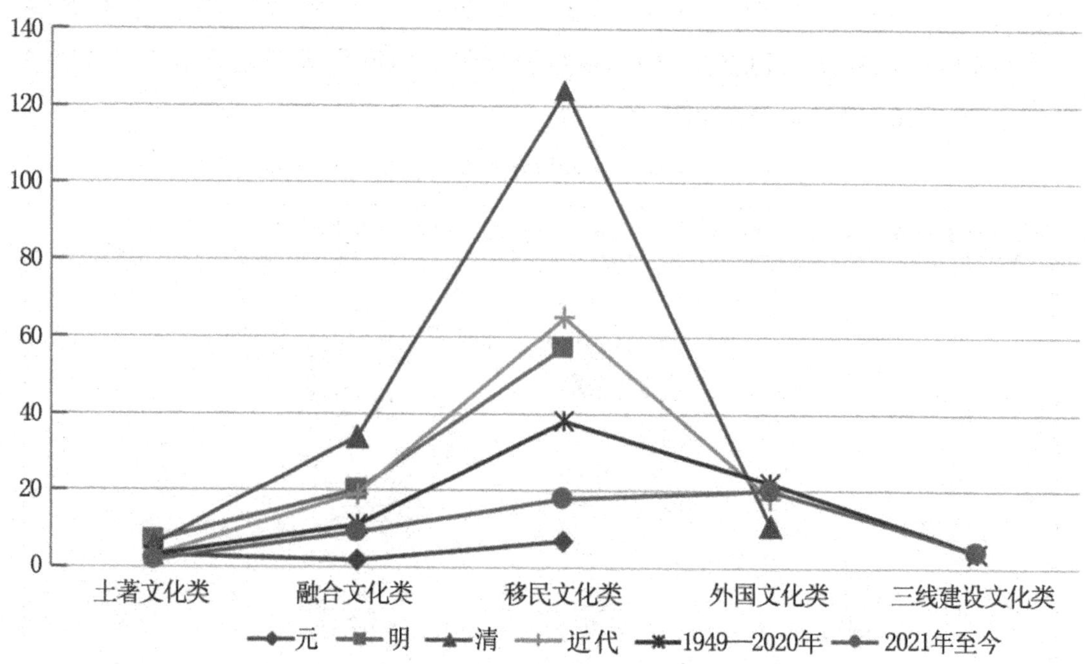

图 2-5　贵阳城不同时期建筑遗产类型数量多度折线图

(二)贵阳城当代现存建筑遗产类型多度分析

就土著文化类建筑遗产而言，贵阳自古以来是一个多民族聚居的城市，世居着苗族、布依族、仡佬族等十多个少数民族，有着丰富多彩的本土文化，因而自元代以来老城内就出现了土著文化类建筑。然而贵阳城是因军事需要而修建的城市，在这一背景下土著文化的发展受到一定限制，相关的历史建筑自元代以来就相对较少，元明时期随着贵阳城的建设发展呈相对恒定的小幅度上升趋势，于明代达到最大值，仅7处，而今因城市发展等原因仅剩2处。

就融合文化类建筑遗产而言，其建筑遗产数量在元明清时期呈较大幅度上升趋势，于清朝达到最大值34处，然而自近代以来，受其他文化的冲击及现代化建设的高速发展等因素影响，建筑遗产数量呈下降趋势。时至今日，贵阳城范围内仅存9处融合文化类建筑遗产。

就移民文化类建筑遗产而言，贵阳历史上有四次大移民，不仅迁移人数众多，还带来了多样的文化。由于明、清时期均有大规模的移民进入贵阳，该时间段内贵阳城内的移民文化类建筑遗产数目呈大幅上升趋势，远超其他文化类别数量。然而由于抗日战争、贵阳“二四”大轰炸等战乱因素，近代大量文物建筑受损，移民文化类建筑数目消失近一半之多。中华人民共和国成立后，因一些特殊历史原因及盲目的现代化建设，现贵阳城内的移民文化类建筑大部分已消失，仅存18处。

就外国文化类建筑遗产而言，直至清朝时期贵阳城内才出现了与伊斯兰教文化、基督教文化、天主教文化等外国文化有关的建筑要素。受抗日战争时期西方文化影响，其间外国文化类建筑数目翻了一倍，现今贵阳城内存20处外国文化类建筑遗产。

就三线建设文化类建筑遗产而言，近现代以来，随着“三线建设”的提出与发展，贵州作为中西部地区的重要城市被列为西南三线重点，开展了一场大规模工业体系建设。在此时间段内贵阳城受三线建设的影响，相继出现了一批机床厂、水泥厂、电池厂等工业建筑，现今贵阳城内有4处三线建设文化类建筑遗产。

截至2021年，贵阳城内现存土著文化类建筑遗产2处，融合文化类建筑遗产9处，移民文化类建筑遗产18处，外国文化类建筑遗产20处，三线建设文化类建筑遗产4处,共计53处建筑遗产,其中外国文化及移民文化类建筑遗产空间数目约占总数的71.7%,具有较大数量优势。各类型详细的遗产信息如表2-5所示。

表2-5 贵阳城现存建筑遗产类型信息表

建筑遗产类别	序号	名称	地址	遗产等级	修建年代
土著文化类	1	达德学校旧址(忠烈宫、黑神庙)	南明区中华南路	国家级文物保护单位	元代
	2	贵州民族文化宫	南明区箭道街23号	贵阳市第一批历史建筑	2007年
融合文化类	3	棠荫亭	云岩区贵阳第五中学内	市级文物保护单位	1932年
	4	地母洞	云岩区鹿冲关森林公园内	市级文物保护单位	近代
	5	扶风寺	云岩区东山路	国家级文物保护单位	清
	6	阳明祠	云岩区东山路	国家级文物保护单位	清
	7	尹道珍祠	云岩区东山路	国家级文物保护单位	清
	8	君子亭	云岩区文昌北路	省级文物保护单位	清
	9	贾顾氏节孝坊	南明区营盘路口	市级文物保护单位	清同治年间(1871年)
	10	高张氏节孝坊	南明区南岳巷	市级文物保护单位	清道光年间(1841年)
移民文化类	11	文昌阁及武胜门	云岩区文昌北路	国家级文物保护单位	明万历三十七年(1609年)
	12	甲秀楼	南明区翠微巷南明河上	国家级文物保护单位	明万历二十六年(1598年)
	13	涵碧亭	南明区翠微巷南明河上	—	明

续表

建筑遗产类别	序号	名称	地址	遗产等级	修建年代
移民文化类	14	翠微阁（南庵、万佛寺）	南明区翠微巷	市级文物保护单位	明弘治年间
	15	东山寺	云岩区东山公园	市级文物保护单位	明嘉靖
	16	仙人洞	南明区仙人洞路	市级文物保护单位	明
	17	相宝山（毗尼寺、屏山寺）	云岩区宝相宝山	市级文物保护单位	明
	18	黔明寺	南明区阳明路	省级文物保护单位	明末
	19	观音洞	南明区青年路	市级文物保护单位	清
	20	弘福寺	云岩区黔灵山公园	省级文物保护单位	清康熙十一年（1672 年）
	21	三元宫	中山西路贵阳美术馆旁	市级文物保护单位	清朝嘉庆年间
	22	大觉精舍（华家阁楼）	云岩区电台街	省级文物保护单位	1924 年
	23	刘统之先生祠	南明区白沙巷	省级文物保护单位	1917 年
	24	刘氏支祠	云岩区电台街	市级文物保护单位	1917 年
	25	贵州银行旧址	云岩区中山西路	省级文物保护单位	1912 年
	26	高家花园（中共贵州省工委旧址）	云岩区文笔街	省级文物保护单位	清
	27	麒麟洞	黔灵公园内	省级文物保护单位	明中叶
	28	觉园禅院	云岩区富水北路	—	清
	29	观风台	观山路南侧观风山	市级文物保护单位	明万历三十二年

续表

建筑遗产类别	序号	名称	地址	遗产等级	修建年代
外国文化类	30	清真寺	云岩区团结巷	市级文物保护单位	清
	31	贵阳北天主教堂	云岩区和平路	市级文物保护单位	清
	32	贵阳基督教堂	云岩区黔灵西路	区县级文物保护单位	1927 年
	33	虎峰别墅	云岩区中山东路	省级文物保护单位	近代
	34	王伯群旧居	南明区都司高架桥路	省级文物保护单位	1917 年
	35	毛光翔公馆	云岩区中华北路	省级文物保护单位	近代
	36	戴蕴珊别墅	南明区曹状元街	市级文物保护单位	近代
	37	民国英式别墅	南明区南明东路	市级文物保护单位	近代
	38	鹿冲关修道院(六冲关圣母堂)	云岩区省植物园内	省级文物保护单位	1854 年
	39	金桥大饭店	南明区瑞金中路24号	市级文物保护单位	1961 年
	40	海关大楼主楼	南明区遵义路	贵阳市第一批历史建筑	1978 年
	41	贵州医科大学第一住院部前楼	云岩区贵医路28号	贵阳市第一批历史建筑	1956 年
	42	邮电大楼	南明区中华南路90号	—	近现代
	43	贵州省博物馆旧址	云岩区北京路168号	省级文物保护单位	1958 年
	44	贵州省政法大楼旧址	云岩区园通街	省级文物保护单位	近代
	45	贵阳师范学院建筑群	云岩区宝山北路116号	市级文物保护单位	近现代
	46	贵阳医学院	云岩区北京路	—	近现代
	47	贵州财经学院旧址	南明区贵惠路	—	1966 年
	48	解放路小学旧址	南明区银花巷	—	1963 年
	49	贵州省冶金厅旧址	南明区宝山南路	—	1966 年

续表

建筑遗产类别	序号	名称	地址	遗产等级	修建年代
三线建设文化类	50	向阳机床厂旧址	云岩区罗汉营路	—	2003 年
	51	贵州乌江水泥厂旧址	南明区甘荫塘	—	1958 年
	52	贵州黔灵印刷厂旧址	云岩区鲤鱼街	—	1994 年
	53	电池厂旧址	南明区庙冲路	—	1991 年

第四节　本章小结

一、历史贵阳多元文化构成分析

在文化线路的视野中，基于苗疆古驿道的形成与发展，可将贵阳城现有的文化分为 5 类，即土著文化、融合文化、移民文化、外国文化和三线建设文化。

二、贵阳城不同历史时期建筑遗产梳理及类型多样性分析

基于相关历史地图与文献记载，结合古代城市地图转译方法梳理，得到贵阳城文化线路视角下的建筑遗产信息：元朝时期存在 12 处，明朝时期存在 84 处，清朝时期存在 175 处，从 1949 年至 2008 年存在 78 处，截至 2021 年贵阳城内现存建筑遗产 53 处（各级文物保护单位 39 处，历史建筑 3 处，其他建筑 11 处）。

贵阳城各历史时期的建筑遗产类型丰度，1949 年至今最多，有 5 种类型；比较而言，贵阳当代现存的建筑遗产类型多样性指数最高、均匀度指数也最高，但遗憾的是现存建筑遗产多度偏低，仅存 53 处。

三、贵阳城现存建筑遗产类型数量分析

截至 2021 年，贵阳城内现存土著文化类建筑遗产 2 处，融合文化类建筑遗产 9 处，移民文化类建筑遗产 18 处，外国文化类建筑遗产 20 处，三线建设文化类建筑遗产 4 处。

第三章 贵阳城建筑遗产空间单元形态多样性研究

第一节 研究方法

本章应用建筑遗产空间单元概念，确定城市建筑遗产空间单元划定方法；应用建筑遗产空间形态概念、聚落空间形态解析技术，拟定建筑遗产空间单元形态特征指标；借鉴生态学的物种多样性研究理论视角与量化技术，拟定建筑遗产空间单元形态类型多样性指标。

一、建筑遗产空间单元划定方法

随着对遗产周边环境保护与塑造的日益重视，我国提出将遗产周边 300m 以内距遗产 50m、100m 和 300m 三个层次划分为三个基本区域：绝对保护区、建设控制地带和环境协调区[82]。从人的视觉感知来说，100m 是社会性视域的最高限，是能够较好观察到周边事物的视域范围的最高限[83]，由此可知，遗产周边 100m 范围内的建设控制地带区域对塑造遗产空间整体文化氛围有着重要意义，但目前我国并未明确提出遗产建设控制地带空间边界的划定方法，对空间保护内涵层次的认识也有待进一步完善。竺剡瑶在《建筑遗产与城市空间整合量化方法研究》一书中提出了“建筑遗产空间”的概念，认为建筑遗产空间实质是建筑遗产的空间载体，包括建筑遗产本体所占用的空间和受到建筑遗产本体直接影响的其他空间，而其空间边界是由从视线上可以直接看到或者路线上可以直接到达建筑遗产的空间边界来进行划定的[18]，也可以表达为距建筑遗产本体所占空间单元拓扑距离为“0”的城市空间单元。

建筑遗产空间单元划定的具体方法为：以建筑遗产为核心，在将其边界作为中心的城市空间俯视二维平面的半径 100m 范围内,划定视线或路线可直达的空间领域,仅考虑周边建筑作为视线阻挡的边界或路径直达的边界,无建筑阻挡情况下则默认距离 100m 处为边界。

二、建筑遗产空间单元形态特征指标

(一)建筑遗产空间单元形态特征解析

在空间单元尺度上,本研究基于建筑遗产及其影响域空间形成的空间整体,从建筑遗产空间单元形态、空间单元边界形态和空间单元结构形态三方面对建筑遗产空间单元形态特征进行分析。

1.建筑遗产空间单元形态特征分析

按照物质形态分类和层次结构的思维方法[84],对贵阳城建筑遗产形态分析指标从整体到局部进行细化,主要从平面布局形式、立面形式、局部装饰、材质与色彩、建筑层数五个方面对建筑遗产形态特征进行分析(见表 3-1)。同时,研究引用生态群落学理论中"多度向量""多样性"等概念[81],从建筑形态的五个方面进行量化解析,总结各类建筑遗产的形态特征。

2.空间单元边界形态特征分析

本研究从边界的界面规整程度和封闭程度两个方面进行分析,选用了边界形状指数和边界密实度两个量化指标。

(1)边界形状指数(S)

形状指数是一个在景观生态学中得到广泛应用的数学指数,是以紧凑形状(圆、正方形、长方形等简单图形)作为参考标准,得到研究图形与紧凑图形间的形状偏离度,以此来判断图形的复杂程度。但对于二维闭合图形来说,以单一的紧凑形状来计算图形的形状指数并不能说明图形边界的凹凸程度,还可能与图形的长宽比有关,对此蒲欣成提出了一种消除图形长宽比λ的影响的空间边界形状指数方法[23],其计算公式如下:

$$S = \frac{P}{1.5\lambda - \sqrt{\lambda} + 1.5}\sqrt{\frac{\lambda}{A\pi}}$$

其中,P 为图形周长,A 为图形面积,λ 为图形最小面积外接矩形长宽比。S 值越大,图形边界越凹凸。在本研究中,建筑遗产空间边界值越大,则代表周边边界越不规整，越难以形成较为完整的空间界面。

(2)边界密实度(W)

建筑遗产空间边界由周边建筑形成的实体边界和建筑间的虚空间边界构成，因此其边界可表达成为一条虚实相间的闭合线条(实边界为实线，虚边界为虚线)，而边界线条的虚实关系反映图形边界的闭合程度，因而可用实线占整个边界图形周长的百分比定义该边界图形的密实度[23]。在建筑遗产空间边界研究中，边界密实度越高，代表该空间越封闭，密实度越低，则代表该空间越开阔。

3. 空间单元结构形态特征分析

对于结构形态特征的分析，重点是对空间单元的空间组成逻辑进行分析，分析的关键对象包括交通结构、自然结构和斑块结构[15]。城市建筑遗产空间单元尺度较小，斑块结构分析法是较为适用的结构分析方法。本研究基于建筑遗产空间单元的斑块类型丰度、多度与多度分布均匀度、面积均值和室外人行活动空间斑块分维数等指标来说明空间组成逻辑结构及相关类型多样性。

其中，室外人行活动空间是指建筑遗产周边可支撑人们进行社交的室外公共空间(该空间的划定有两个原则：一是该空间属于室外公共空间，即不包含较私密的庭院空间；二是该空间为人们可进行活动的空间，因此不包含仅供车行的城市车行交通空间，包含人车混行、绿地、人行道等公共空间)。该空间斑块的划定代表遗产周边环境的可社交性与可活动性，通过计算该空间斑块的分维数值可说明遗产周边环境社交空间的破碎程度。空间分维数值越大，代表其遗产周边的室外人行活动空间斑块越复杂，空间越破碎，对各种公众社交活动的形成影响越大。其计算公式如下：

$$D=\frac{2\lg\left(\frac{P}{4}\right)}{\lg A}$$

其中，D 为分维数值，P 为斑块周长，A 为斑块面积；D 的理论值为 1.0～2.0。

(二)空间单元形态特征指标组

本研究以类型指标作为深入描述形态特征的指标。建筑形态有三个层级特征指标，均为定性指标；边界形态有两个层级特征指标，一级指标为定量指标、类型指标为定性指标；结构形态有两个层级特征指标，一级指标既有定性指标也有定量指标、类型指标为定性指标(表 3-1)。

表 3-1　城市各类建筑遗产空间单元形态特征指标

目标层	要素层	特征指标		
		一级指标	二级指标	类型指标
各类建筑遗产空间单元形态	建筑形态	平面布局形式	建筑布局形式	单体建筑、行列式布局、L 型布局、U 型布局、传统合院式布局、自由围合式布局、轴线式布局、自由式布局、混合式布局
		立面形式	屋顶形式	平屋顶、披檐平屋顶、欧式坡屋顶、歇山顶、悬山顶、硬山顶、攒尖顶、庑殿顶、卷棚顶、卷棚歇山、穹隆顶、其他
			屋身形式	亭、门廊、柱廊、檐廊、挑廊、悬挑阳台、无廊
			台基形式	普通台基、较高级台基、入口阶梯、无台基
			特殊立面造型	牌坊式山墙、牌坊式大门、马头墙造型、老虎窗、其他
		局部装饰	装饰材料	木雕、石雕、彩绘、琉璃、泥灰雕刻、彩窗
			装饰图案	花草图案、神兽图案、文字图案、几何图案、人物图案、其他
			装饰部位	门窗、墙面、栏杆、柱身、柱础、斜撑、垂花柱、雀替、挂落、额枋、翘角、宝顶、屋脊
		材质与色彩	屋面材质	砖、石、瓷砖、水泥、泥灰、瓦片、琉璃、玻璃、钢型材
			墙体材质	砖、瓷砖、石、混凝土、钢材、木材、灰/白/红颜料墙、土墙
			建筑色彩	白、灰、黑、红、蓝、黄、绿
		建筑层数	—	低层数、中层数、高层数
	边界形态	边界形状指数(S)	—	低 S-低 W、低 S-中 W、低 S-高 W、中 S-低 W、中 S-中 W、中 S-高 W、高 S-低 W、高 S-中 W、高 S-高 W
		边界密实度(W)	—	
	结构形态	斑块构成	—	建筑遗产、车行交通、林地、绿地、水域、庭院、室外人行活动空间
		室外人行活动空间分维数(D)	—	低分维数、中分维数、高分维数

三、建筑遗产空间单元形态类型多样性指标

（一）形态特征类型丰度

形态特征类型丰度是指所占表 3-1 类型指标中形式或类型的多少。若占有 n 个形式或类型，那么丰度 $S=n$。

（二）形态特征类型多度

形态特征类型多度通过向量表示各种类型的个体数量。若形态特征类型丰度为 n，各类型的个体数量分别是 $a_1,\cdots,a_n$，那么建筑形态特征类型多度向量可表示为：

$$A_{st}=(a_1,\cdots,a_n)$$

（三）香浓指数

$$H=-\sum_{i=1}^{S}P_i\ln P_i$$

（四）辛普森指数

$$D=1-\sum_{i=1}^{S}P_i^2$$

（五）均匀度指数

$$J_{Si}=D/(1-1/S)$$

以上公式中：S 表示形态特征类型丰度，P_i 表示第 i 个类型的个体数量占所有类型总个体数的比例。

第二节　贵阳城建筑遗产空间单元划定

基于前文建筑遗产类型的梳理，以建筑遗产类型定位贵阳城既存建筑遗产空间类型，并基于建筑遗产空间单元划定方法，忽略绿植等非建筑物对视线的影响，在建筑遗产二维平面 100m 范围内划定视线或路线可直达的空间。根据建筑遗产现存状况与空间关系，可将贵阳城内 53 处建筑遗产划分为 49 处建筑遗

产空间单元,如表 3-2 所示。

表 3-2 贵阳城建筑遗产空间单元卫星图与边界图

种类	图例
土著文化类	 01 达德学校旧址；02 贵州民族文化宫 
融合文化类	 03 棠荫亭；04 地母洞；05 扶风寺、阳明祠、尹道珍祠；06 君子亭；07 贾顾氏节孝坊；08 高张氏节孝坊     
移民文化类	 09 文昌阁及武胜门遗址；10 甲秀楼、涵碧亭、翠微园；11 东山寺；12 仙人洞；13 相宝山寺；14 黔明寺；15 观音洞；16 弘福寺；17 三元宫；18 大觉精舍；19 刘统之先生祠；20 刘氏支祠；21 贵州银行旧址；22 高家花园；23 麒麟洞；24 觉园禅院；25 观风台   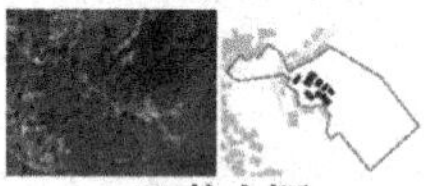 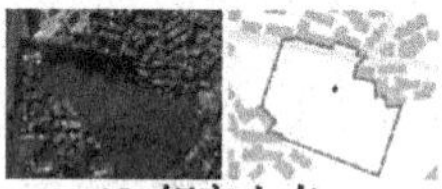 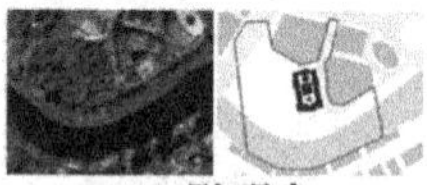        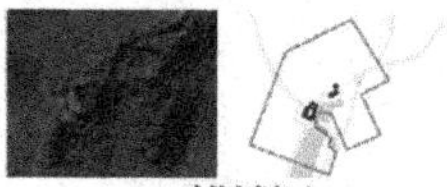  

续表

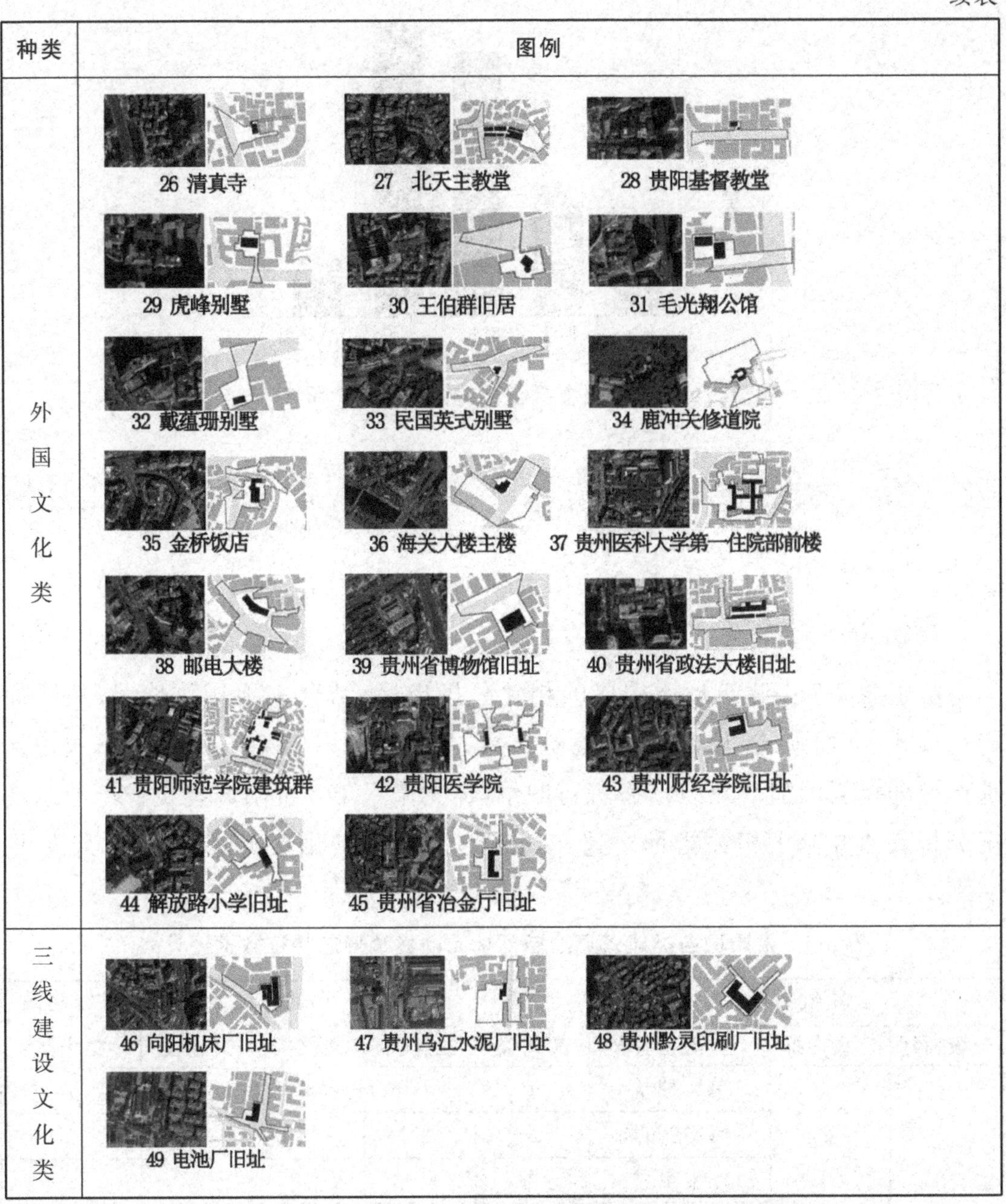

种类	图例
外国文化类	26 清真寺 27 北天主教堂 28 贵阳基督教堂 29 虎峰别墅 30 王伯群旧居 31 毛光翔公馆 32 戴蕴珊别墅 33 民国英式别墅 34 鹿冲关修道院 35 金桥饭店 36 海关大楼主楼 37 贵州医科大学第一住院部前楼 38 邮电大楼 39 贵州省博物馆旧址 40 贵州省政法大楼旧址 41 贵阳师范学院建筑群 42 贵阳医学院 43 贵州财经学院旧址 44 解放路小学旧址 45 贵州省冶金厅旧址
三线建设文化类	46 向阳机床厂旧址 47 贵州乌江水泥厂旧址 48 贵州黔灵印刷厂旧址 49 电池厂旧址

截至 2021 年，贵阳城内现存有土著文化类建筑遗产空间 2 处，融合文化类建筑遗产空间 6 处(扶风寺、阳明祠和尹道真祠在同一建筑遗产空间内)，移民文化类建筑遗产空间 17 处(甲秀楼、涵碧亭和翠微阁在同一建筑遗产空间内，文昌阁所在城墙城门为武胜门)，外国文化类建筑遗产空间 20 处，三线建设文化类建筑遗产空间 4 处，共计 49 处建筑遗产空间，其中外国文化及移民文化类建筑遗产空间数目约占总数的 75.5%，具有较大数量优势，如图 3-1 所示。

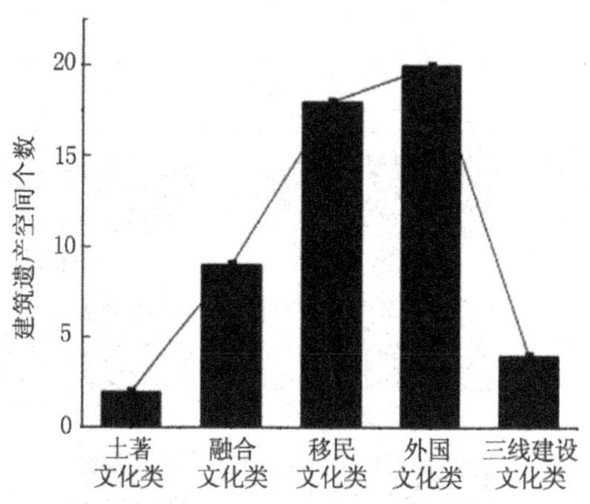

图 3-1　2021 年贵阳城各类型建筑遗产空间单元数量柱状图

第三节　贵阳城各类建筑遗产空间单元形态与多样性分析

一、建筑形态及多样性

基于表 3-2 中建筑形态构成的相关分析指标，结合实地调研情况，从平面布局形式、立面形式、局部装饰、建筑层数、材质与色彩五个方面对贵阳城建筑遗产空间单元的遗产建筑形态进行归纳(详见附录 B　贵阳城建筑遗产形态现况分析表)，并基于相关指标对遗产建筑形态特征量化数据进行统计，结果见表 3-3。

表 3-3　贵阳城各类建筑遗产空间单元的建筑形态特征数据统计表

建筑形态			土著文化类	融合文化类	移民文化类	外国文化类	三线建设文化类
一级指标	二级指标	类型指标					
平面布局形式	建筑布局形式	单体建筑	1	5	4	9	1
		行列式布局	0	0	1	1	0
		L 型布局	0	0	1	1	1
		U 型布局	0	0	0	4	1
		传统合院式布局	0	3	7	0	0
		自由围合式布局	1	0	4	2	1
		轴线式布局	0	0	0	3	0
		自由式布局	0	0	0	0	0
		混合式布局	0	0	2	0	0

续表

建筑形态			土著文化类	融合文化类	移民文化类	外国文化类	三线建设文化类
一级指标	二级指标	类型指标					
立面形式	屋顶形式	平屋顶	0	0	1	19	2
		披檐平屋顶	0	0	5	0	0
		欧式坡屋顶	0	0	0	1	0
		歇山顶	2	1	56	22	1
		悬山顶	0	3	29	9	0
		硬山顶	9	4	39	8	8
		攒尖顶	1	3	21	3	0
		庑殿顶	0	0	3	0	0
		卷棚顶	0	1	8	0	0
		卷棚歇山顶	0	0	3	0	0
		穹隆顶	0	0	0	2	0
		其他	0	3	1	0	0
	屋身形式	门廊	1	0	2	13	0
		亭	0	3	21	0	0
		柱廊	11	9	124	27	1
		檐廊	0	0	2	0	0
		挑廊	0	0	0	4	0
		悬挑阳台	0	0	0	2	0
		无廊	0	3	17	18	12
	台基形式	普通台基	8	9	88	0	0
		较高级台基	1	0	11	0	0
		入口阶梯	1	0	0	2	0
		无台基	2	6	67	62	12
	特殊立面造型	牌坊式山墙造型	1	0	5	1	0
		牌坊式大门造型	0	0	6	1	0
		老虎窗造型	0	0	0	4	0
		其他	0	0	1	4	0

续表

建筑形态			土著文化类	融合文化类	移民文化类	外国文化类	三线建设文化类
一级指标	二级指标	类型指标					
局部装饰	装饰材料	木雕	10	10	147	5	0
		石雕	10	14	125	9	0
		彩绘	0	1	85	2	0
		琉璃	0	1	75	1	0
		泥灰雕刻	11	9	71	12	0
		彩窗	0	0	0	7	0
	装饰图案	花草	7	12	141	5	0
		神兽	2	1	68	1	0
		文字	0	8	47	2	0
		几何	11	11	161	25	0
		人物	0	3	12	0	0
		其他	2	2	1	3	0
	装饰部位	门窗	11	6	154	23	0
		墙面	2	4	4	20	0
		栏杆	8	9	90	11	0
		柱身	0	3	7	5	0
		柱础	10	9	128	5	0
		斜撑	8	4	57	0	0
		垂花柱	9	4	62	0	0
		雀替	8	9	92	0	0
		挂落	8	10	50	0	0
		额枋	8	0	66	0	0
		翘角	0	4	113	3	0
		宝顶	4	2	25	3	0
		屋脊	4	1	123	4	0

续表

建筑形态			土著文化类	融合文化类	移民文化类	外国文化类	三线建设文化类
一级指标	二级指标	类型指标					
材质与色彩	屋面材质	砖	0	0	3	12	2
		石	0	3	2	11	0
		瓷砖	0	0	0	2	0
		水泥	0	0	6	23	2
		泥灰	11	9	49	1	0
		瓦片	11	11	161	39	9
		琉璃	0	1	98	3	0
		玻璃	0	0	0	2	0
		钢型材	1	0	0	4	0
	墙体材质	砖	8	2	30	43	10
		瓷砖	0	0	0	11	1
		石	8	14	150	19	7
		混凝土	1	1	5	49	7
		钢型材	1	0	0	29	11
		木材	11	10	160	18	0
		灰/白/红颜料墙	1	2	58	9	0
		土墙	0	0	0	0	0
	建筑色彩	白	11	11	65	28	1
		灰	11	13	133	36	1
		黑	0	0	18	0	0
		红	10	11	149	42	10
		蓝	1	0	82	7	4
		黄	1	1	106	5	2
		绿	0	0	91	10	0
建筑层数		最低层数	1	1	1	1	1
		最高层熟	24	2	5	16	10
		平均层数	12.9	1.3	2.2	4	3.9

资料来源：贵阳城建筑遗产形态统计数据及现场调研。

(一)平面布局形式——建筑布局形式

1. 平面布局形式——建筑布局形式解析

就遗产建筑的建筑布局形式而言,根据表 3-3 中的数据,绘制出贵阳城各类建筑遗产空间单元的建筑布局形式数量堆积条形图(图 3-2)。

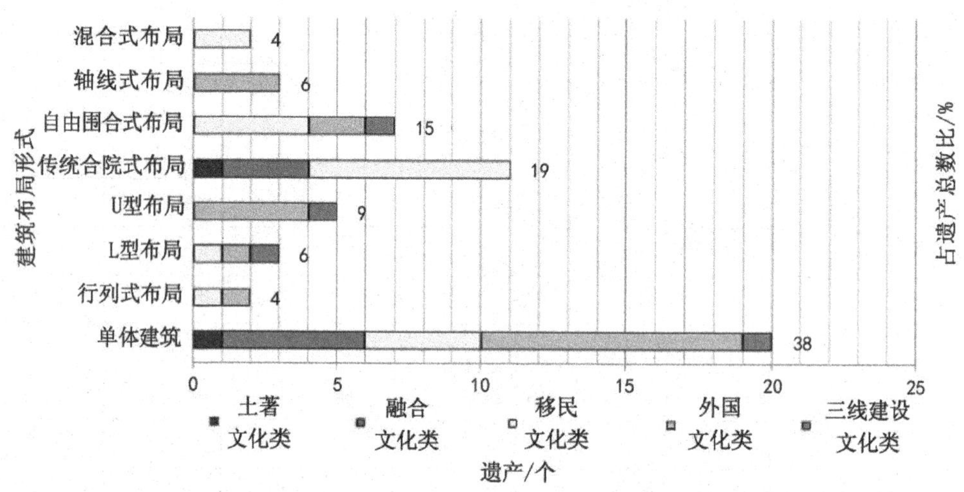

图 3-2 贵阳城各类建筑遗产空间单元的建筑布局形式数量堆积条形图

贵阳城内现存的建筑遗产布局形式有混合式、轴线式、自由围合式、传统合院式、U 型式、L 型式、行列式和单体建筑式共 8 种(图 3-3),数量上主要以单体建筑式布局(占总遗产数的 38%)和围合式布局形式(包含自由围合式、传统合院式和 U 型式布局形式,共占总遗产数的 43%)居多。

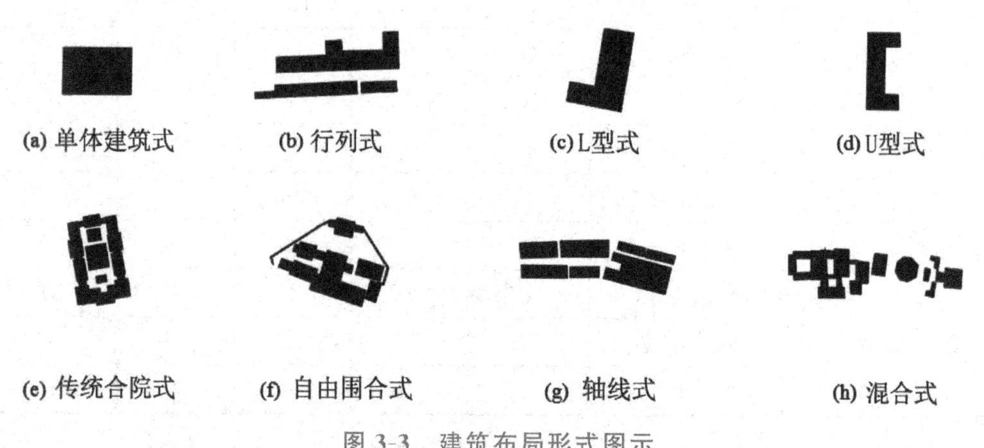

图 3-3 建筑布局形式图示

从平面布局形式的归属类来看:外国文化类和移民文化类的布局形式类型最

多,多样性最高,均有6种布局形式(外国文化类建筑遗产存在有轴线式、自由围合式、U型式、L型式、行列式和单体建筑式,移民文化类建筑遗产存在混合式、自由围合式、传统合院式、L型式、行列式和单体建筑式),说明该类型建筑遗产布局较灵活且没有明显倾向;三线建设文化类以自由围合式布局为主,后受现代化发展影响,布局形式遭到了破坏,现存自由围合式、U型式、L型式和单体建筑共4种布局形式,虽具有一定的多样性,但与旧有布局相比变化大,说明现阶段该类建筑遗产保护力度较弱,有待进一步加强;融合文化类和土著文化类建筑的布局形式最为单一,均只存在单体建筑和传统合院2种布局形式,以传统合院形式为主。

从平面布局形式的个体数量与归属类的关系来看:土著文化类以自由围合院落布局为主,伴随传承与创新,近代出现了单体建筑布局形式,现存合院式布局和单体建筑各1处;融合文化类的建筑布局形式以单体建筑式居多,以亭、牌坊和石窟寺单体建筑为主,占此类遗产数的62%,建筑组群以传统四合院式布局为主;移民文化类的建筑布局形式较丰富,但大体以围合式布局居多,占此类遗产数的58%,包含传统合院式布局、自由围合布局两种;外国文化类的建筑布局形式以单体建筑居多,占此类遗产数的45%,建筑组群以围合式和轴线式布局为主;三线建设文化类的布局形式并不追求完全的四周围合,亦存在U型和L型布局形式,但大体呈自由围合式布局形式。

2. 平面布局形式多样性指标

以上分析了各类建筑遗产空间单元具体的建筑形态之平面布局形式,而各类建筑遗产空间单元群体整体上出现的平面布局形式多样性,可进一步通过多样性指标来认识,如表3-4和表3-5所示。

表3-4 贵阳城各类建筑遗产空间的建筑形态之建筑平面布局形式多样性指标表

<table>
<tr><th rowspan="2">空间类别</th><th rowspan="2">形式多度</th><th>平面布局形式①</th><th rowspan="2">形式丰度</th><th>香浓指数</th><th>辛普森指数</th><th>均匀度指数</th></tr>
<tr><th>多度向量</th><th>H</th><th>D</th><th>J_{si}</th></tr>
<tr><td rowspan="2">土著文化类</td><td rowspan="2">2</td><td>(D,FCy)</td><td rowspan="2">2</td><td rowspan="2">0.6931</td><td rowspan="2">0.5000</td><td rowspan="2">1.0000</td></tr>
<tr><td>(1,1)</td></tr>
<tr><td rowspan="2">融合文化类</td><td rowspan="2">8</td><td>(D,Cy)</td><td rowspan="2">2</td><td rowspan="2">0.6616</td><td rowspan="2">0.4688</td><td rowspan="2">0.9375</td></tr>
<tr><td>(5,3)</td></tr>
<tr><td rowspan="2">移民文化类</td><td rowspan="2">19</td><td>(D,H,L,Cy,FCy,Mi)</td><td rowspan="2">6</td><td rowspan="2">1.5709</td><td rowspan="2">0.7590</td><td rowspan="2">0.9108</td></tr>
<tr><td>(4,1,1,7,4,2)</td></tr>
</table>

续表

空间类别	形式多度	平面布局形式① 多度向量	形式丰度	香浓指数 H	辛普森指数 D	均匀度指数 J_{si}
外国文化类	20	(D,H,L,U,FCy,Z) (9,1,1,4,2,3)	6	1.4956	0.7200	0.8640
三线建设文化类	4	(D,L,U,FCy) (1,1,1,1)	4	1.3863	0.7500	1.0000

注：①平面布局形式代码：单体建筑(D)、行列式布局(H)、L型布局(L)、U型布局(U)、传统合院式布局(Cy)、自由围合式布局(FCy)、轴线式布局(Z)、自由式布局(F)、混合式布局(Mi)。

多样性指标数据表明：形式丰度方面，移民文化类、外国文化类的建筑平面布局形式最多有6种，土著文化类、融合文化类的建筑平面布局形式最少只有2种；形式多度方面，各类形式多度与其建筑遗产空间单元数相符，外国文化类最多，有20个，土著文化类最少，仅2个；多样性指数方面，移民文化类的香浓指数、辛普森指数均最高（分别为1.5709、0.7590），外国文化类的辛普森指数(0.7200)不高的原因在于，该指数对稀有类型的多样性贡献度不敏感；多度分布均匀度方面，外国文化类最低(0.8640)，整体而言各类数据不大。

表3-5　贵阳城各类建筑遗产空间的建筑形态之建筑平面布局形式多度向量解析

空间类别	形式丰度	平面布局形式① 多度向量	共性平面布局形式① 多度向量	差异性平面布局形式① 多度向量
土著文化类	2	(D,FCy) (1,1)	(D,FCy) (1,1)	— —
融合文化类	2	(D,Cy) (5,3)	(D,Cy) (5,3)	— —
移民文化类	6	(D,H,L,Cy,FCy,Mi) (4,1,1,7,4,2)	(D,Cy,FCy) (4,7,4)	(H,L,Mi) (1,1,2)

续表

空间类别	形式丰度	平面布局形式[①]	共性平面布局形式[①]	差异性平面布局形式[①]
		多度向量	多度向量	多度向量
外国文化类	6	(D,H,L,U,FCy,Z)	(D,FCy)	(H,L,U,Z)
		(9,1,1,4,2,3)	(9,2)	(1,1,4,3)
三线建设文化类	4	(D,L,U,FCy)	(D,FCy)	(L,U)
		(1,1,1,1)	(1,1)	(1,1)

注:①平面布局形式代码:单体建筑(D)、行列式布局(H)、L型布局(L)、U型布局(U)、传统合院式布局(Cy)、自由围合式布局(FCy)、轴线式布局(Z)、自由式布局(F)、混合式布局(Mi)。

多度向量解析表明:移民文化类的常见建筑平面布局形式为围合式(Cy、FCy),外国文化类是单体建筑式;单体建筑布局形式(D)、围合布局形式(Cy、FCy)是所有类的共性平面布局形式;混合式布局(Mi)是移民文化类特有形式;轴线式布局(Z)是外国文化类特有形式。

(二)立面形式

1. 屋顶形式

就遗产建筑立面形式中的屋顶形式而言,根据表3-3中的数据绘制出贵阳城各类建筑遗产空间单元的建筑屋顶形式数量堆积条形图(图3-4)。

贵阳城内现存的遗产建筑有平屋顶、披檐平屋顶、欧式坡屋顶、歇山顶、悬山顶、硬山顶、攒尖顶、庑殿顶、卷棚顶、卷棚歇山顶、穹隆顶和其他,共12种屋顶形式(图3-5);数量上主要以中国传统坡屋顶形式为主(包含歇山顶、悬山顶、硬山顶、攒尖顶、庑殿顶、卷棚顶和卷棚歇山顶,共占总遗产建筑数的87%),其中以歇山顶(占总遗产数的30%)、硬山顶(占总遗产建筑数的25%)和悬山顶(占总遗产建筑数的15%)居多。

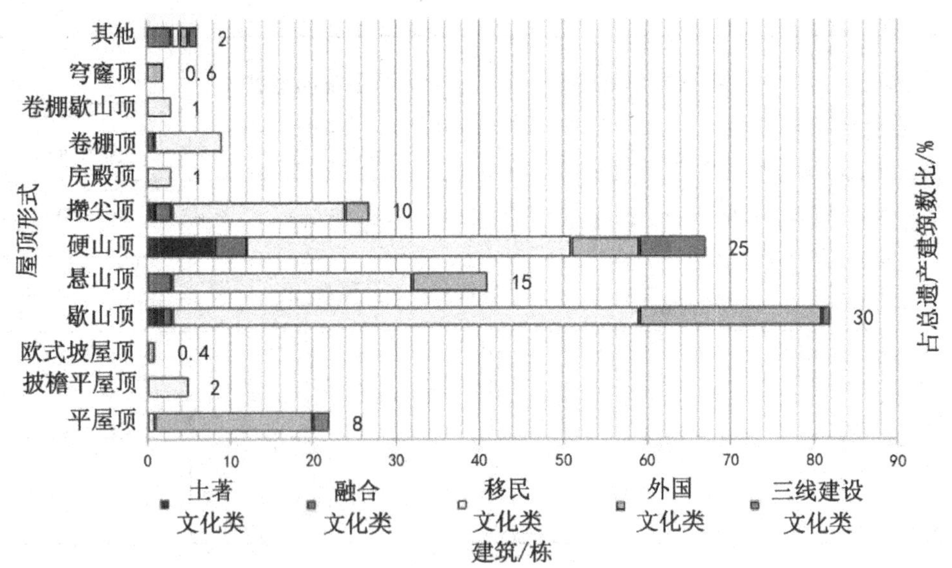

图 3-4　贵阳城各类建筑遗产空间单元的建筑屋顶形式数量堆积条形图

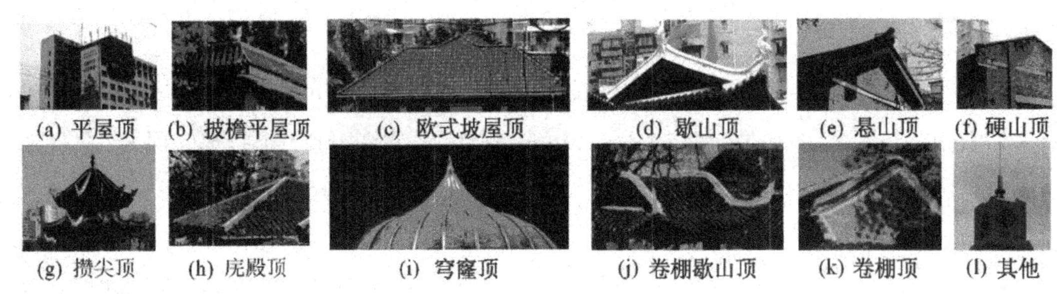

图 3-5　屋顶形式图示

从屋顶形式的归属类来说：移民文化类屋顶形式种类最多，多样性最好，共存在 10 种屋顶形式（平屋顶、披檐平屋顶、歇山顶、悬山顶、硬山顶、攒尖顶、庑殿顶、卷棚顶、卷棚歇山顶和其他）。建筑虽屋顶形式种类较多，但多为中国传统古建筑坡屋顶，代表该类建筑屋顶形式在遵循一定风格的基础上又具有一定的差异性，造型丰富；融合文化类建筑遗产共存在 6 种屋顶形式（歇山顶、悬山顶、硬山顶、攒尖顶、卷棚顶和其他），与移民文化类遗产相同，在遵循中国传统古建筑坡屋顶风格的基础上又具有一定的差异性，造型较丰富；外国文化类建筑（共 7 种屋顶形式）既存在有中国传统古建筑屋顶形式（歇山顶、悬山顶、硬山顶和攒尖顶）和近现代平屋顶形式，还存在独特的欧式坡屋顶和穹隆顶屋顶形式，无特定风格，形式多样，呈现出中西合璧的独特风貌；三线建设文化类建筑受工业环境影响，整体简洁，有平屋顶、硬山顶、歇山顶和烟囱共4种屋顶形式，多样性较低；土著文化类建筑数量较少，仅存在歇山顶、硬山顶和攒尖顶3种屋顶形式，多样性不高，造型较为单一。

从屋顶形式的个体数量与归属类的关系来看：土著文化类多为中国传统古建筑的坡屋顶形式，伴随传承与创新，也存在现代仿古攒尖顶，现存数量上以硬山顶（占此类建筑数的75%）和歇山顶居多（占此类建筑数的17%）；融合文化类均为中国传统建筑屋顶形式，形式多样，数量上以硬山顶、悬山顶和攒尖顶居多（共占此类建筑数的66%）；移民文化类以中国传统坡屋顶形式为主，也存在近现代仿古式披檐平屋顶形式，数量上以歇山顶（占此类建筑数的34%）和硬山顶（占此类建筑数的23%）居多；外国文化类除中国传统坡屋顶和现代平屋顶外，还存在极富特色的欧式坡屋顶和穹隆顶，具有中西合璧式风貌特征，数量上以歇山顶（占此类建筑数的34%）和平屋顶（占此类建筑数的30%）居多；三线建设文化类遗产建筑的屋顶形式简洁，以硬山顶（占此类建筑数的67%）和平屋顶（占此类建筑数的17%）居多。

2. 屋身形式

就遗产建筑立面形式中的屋身形式而言，根据表3-3中的数据绘制出贵阳城各类遗产建筑空间单元的建筑屋身形式数量堆积条形图（图3-6）。

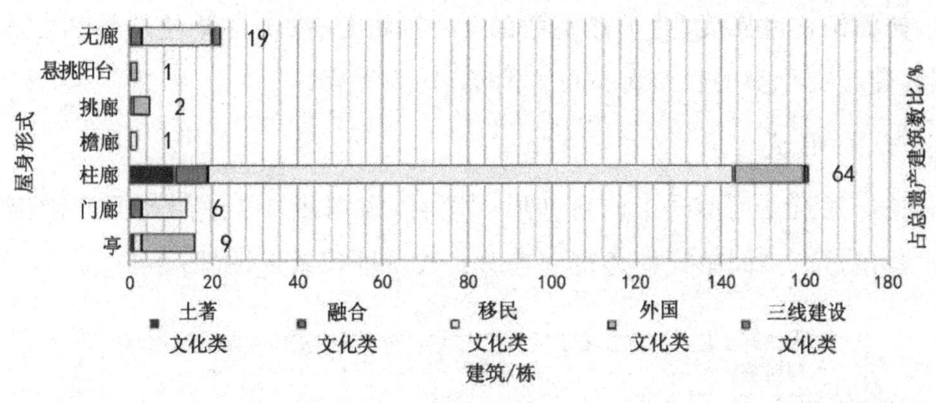

图3-6 贵阳城各类建筑遗产空间单元的建筑屋身形式数量堆积条形图

贵阳城内现存的遗产建筑屋身形式可分为亭、门廊、柱廊、檐廊、挑廊、悬挑阳台和无廊，共7种屋身形式（图3-7），数量上以柱廊（占总遗产建筑数的64%）居多。

(a) 亭
开敞性结构，无围墙，有顶盖的建筑物

(b) 门廊
建筑物门前突出的，有顶盖、有廊台的通道

(c) 柱廊
有顶盖，有廊台、有支柱或兼有一侧围护墙体的水平交通空间

(d) 檐廊
建筑物底层由屋檐或挑檐作为顶盖的水平交通空间

(e) 挑廊
二层以上挑出房屋外墙体，有围栏无支柱 有顶盖的水平交通空间

(f) 悬挑阳台
阳台整个或多部分伸出去，最外边没有承重的墙或柱子

(g) 无廊
—

图 3-7 屋身形式图示

从屋身形式的归属类来说:移民文化类和外国文化类的屋身形式多样性最好,均存在 5 种屋身形式,其中移民文化类(存在亭、门廊、柱廊、檐廊和无廊)总体为中国传统古建筑风格,多形成石木结构内外回廊;外国文化类(存在门廊、柱廊、挑廊、悬挑阳台和无廊)多形成外回廊,回廊多设有拱券造型,极具外国建筑风貌;融合文化类共存在 3 种屋身形式(亭、柱廊和无廊),总体遵循中国传统古建筑风格,存在内外回廊,具有一定的多样性;土著文化类现存建筑数目较少,此类遗产仅存 2 种屋身形式(柱廊和门廊),屋身多样性较差;三线建设文化类整体风格简洁,屋身形式单一,仅存在无廊 1 种屋身形式。

从屋身形式的个体数量与归属类的关系来看:土著文化类以木质结构柱廊(占此类建筑数的 92%)居多;融合文化类以石木结构柱廊(占此类建筑数的 60%)居多;移民文化类也以石木结构柱廊(占此类建筑数的 75%)居多;外国文化类以砖石结构柱廊(占此类建筑数的 42%)和无廊(占此类建筑数的 28%)居多;三线建设文化类的建筑屋身形式简洁,均为无廊。

3. 台基形式

就遗产建筑立面形式中的台基形式而言,根据表 3-3 中的数据绘制出贵阳城各类建筑遗产空间单元的建筑台基形式数量堆积条形图(图 3-8)。

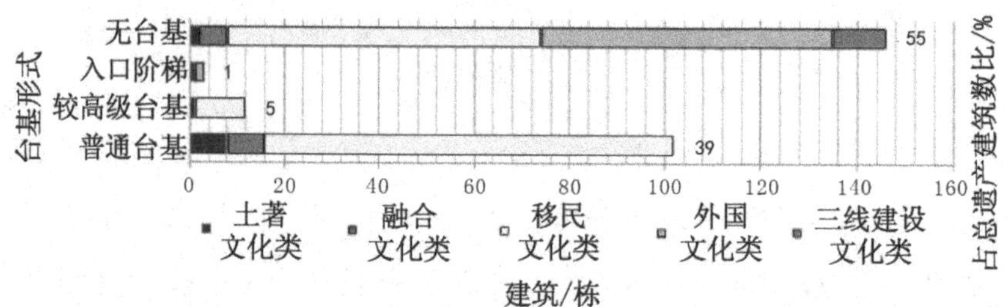

图 3-8 贵阳城各类建筑遗产空间单元的建筑台基形式数量堆积条形图

贵阳城内现存遗产建筑的台基形式有普通台基、较高级台基、入口阶梯和无台基，共 4 种台基形式（图 3-9），数量上以无台基（占总遗产建筑数的 55%）和普通台基（占总遗产建筑数的 39%）居多。

(a) 普通台基
用素土或灰土或碎砖三合土夯筑而成，约高一尺

(b) 较高级台基
比普通台基高，常在台基上边建汉白玉栏杆

(c) 入口阶梯
位于建筑物入口的阶梯

(d) 无台基
—

图 3-9　台基形式图示

从台基形式的归属类来看：土著文化类的台基形式种类最多、多样性最好，存在 4 种台基形式（普通台基、较高级台基、入口阶梯和无台基），既有中国传统古建筑的台基形式，也有近现代建筑常见的入口阶梯；移民文化类和融合文化类的遗产建筑整体呈中国传统古建筑风貌，等级较高的建筑多筑有台基，以此跟其他建筑区分开，建筑造型也因此具有一定的多样性，其中融合文化类存在 2 种台基形式（普通台基和无台基），移民文化类存在 3 种台基形式（普通台基、较高级台基和无台基）；多样性较差的是外国文化类（存在入口阶梯和无台基 2 种形式）和三线建设文化类（仅存在无台基 1 种形式）这两类遗产建筑，其多为近现代建筑，整体风格简洁，多数为无台基造型。

从台基形式的个体数量与归属类的关系来看，土著文化类、融合文化类和移民文化类的建筑以中国传统古建筑风格为主，因而建筑多筑有台基，其中：土著文化类 75%的建筑有台基，数量上以普通的砖石结构台基居多（占此类建筑数的 67%），也存在 1 处设有汉白玉围栏的较高级台基和 1 处现代建筑常见的入口阶梯；融合文化类 60%的建筑有砖石结构普通台基；移民文化类 60%的建筑有台基，其中存在 88 处普通的砖石结构台基（占此类建筑数的 53%），存在 11 处设有汉白玉围栏的较高级台基；三线建设文化类与外国文化类的建筑多为近现代或外国建筑风格，因而基本为无台基造型，其中三线建设文化类均为无台基造型，外国文化类的 97%为无台基造型、3%为入口阶梯造型。

4. 特殊立面造型

就遗产建筑立面形式中的特殊立面造型而言，根据表 3-2 中的数据绘制出贵阳城各类建筑遗产空间单元的遗产建筑特殊立面造型数量堆积条形图

(图 3-10)。

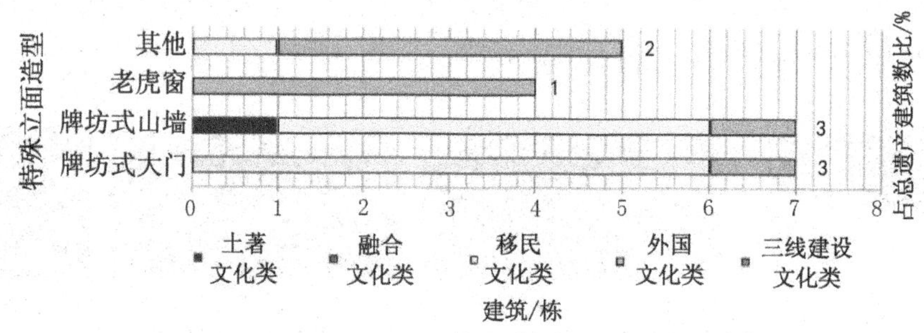

图 3-10 贵阳城各类建筑遗产空间单元的特殊立面造型数量堆积条形图

贵阳城内现存遗产建筑的特殊立面造型有牌坊式山墙、牌坊式大门、老虎窗和其他(烟囱、十字架等立面造型),共 4 种形式(图 3-11)。据统计,现贵阳城建筑遗产共有建筑 269 栋,存在以上 4 种特殊立面造型的建筑有 23 栋(占总建筑遗产数的 9%),其中以牌坊式山墙(占总建筑遗产数的 3%)和牌坊式山门(占总建筑遗产数的 3%)居多。

(a) 牌坊式山墙

(b) 牌坊式大门

(c) 老虎窗

(d) 其他

图 3-11 特殊立面造型图示

从特殊立面造型的归属类来看,外国文化类、移民文化类和土著文化类的建筑均存在有特殊立面造型,其中:外国文化类建筑存在的特殊立面造型种类最多,包含牌坊式山墙、牌坊式山门、老虎窗和其他(清真寺楼顶四角的"邦克楼"原柱造型、基督教堂屋顶上的红十字架和台灯造型、贵阳医学院屋顶上的烟囱造型),共 4 种特殊立面造型,多样性较好,造型丰富;移民文化类建筑存在有牌坊式山墙、牌坊式山门和其他(贵州银行旧址虽为平屋顶,但侧立面为人形山墙造型),共 3 种特殊立面造型;土著文化类建筑有牌坊式山墙 1 种特殊立面造型。

从特殊立面造型的个体数量与归属类的关系来看:土著文化类建筑的特殊立面造型以牌坊式山墙居多;移民文化类建筑的特殊立面造型以牌坊式山墙和牌坊式大门居多;外国文化类建筑的特殊立面以老虎窗和其他造型居多,现有十字架、烟囱、台灯等特殊造型,由此可见,外国文化类建筑的特殊立面造型较多,建筑风格既独特又富有变化。

5. 立面形式多样性指标

以上分析了各类建筑遗产空间单元具体的建筑形态之立面形式，而各类建筑遗产空间单元群体整体上出现的立面形式多样性，可进一步通过多样性指标来认识，如表 3-6、表 3-7 所示。

表 3-6 贵阳城各类建筑遗产空间的建筑形态之立面形式多样性指标表

空间类别	形式多度	立面形式[①] / 多度向量	形式丰度	香浓指数 H	辛普森指数 D	均匀度指数 J_{Si}
土著文化类	37	(X,YS,CJ,M,ZL,PT,JG,RK,WT,PFSQ)	10	1.8390	0.7962	0.8847
		(2,9,1,1,11,8,1,1,2,1)				
融合文化类	45	(X, XS, YS, CJ, J, QTWD, T, ZL,WL,PT,WT)	11	2.1994	0.8711	0.9582
		(1,3,4,3,1,3,3,9,3,9,6)				
移民文化类	510	(P, PY, X, XS, YS, CJ, WD, J, JP, QTWD, M, T, ZL, YL, WL, PT, JG, WT, PFSQ, PFDM, QTLM)	21	2.3233	0.8671	0.9104
		(1,5,56,29,39,21,3,8,3,1,2,21,124,2,17,88,11,67,5,6,1)				
外国文化类	202	(P, OS, X, XS, YS, CJ, Q, M, ZL, TL, XT, WL, RK, WT, PFSQ,PFDM,LH,QTLM)	18	2.2653	0.8498	0.8998
		(19,1,22,9,8,3,2,13,27,4,2,18,2,62,1,1,4,4)				
三线建设文化类	36	(P,X,YS,ZL,WL,WT)	6	1.3785	0.7763	0.9315
		(2,1,8,1,12,12)				

注：①立面形式代码：屋顶形式——平屋顶(P)、披檐平屋顶(PY)、欧式坡屋顶(OS)、歇山顶(X)、悬山顶(XS)、硬山顶(YS)、攒尖顶(CJ)、庑殿顶(WD)、卷棚顶(J)、卷棚歇山顶(JP)、穹隆顶(Q)、其他(QTWD)；屋身形式——亭(T)、柱廊(ZL)、檐廊(YL)、挑廊(TL)、悬挑阳台(XT)、门廊(M)、无廊(WL)；台基形式——普通台基(PT)、较高级台基(JG)、入口阶梯(RK)、无台基(WT)；特殊立面造型——牌坊式山墙造型(PFSQ)、牌坊式大门造型

(PFDM)、老虎窗造型(LH)、其他(QTLM)。

表 3-7　贵阳城各类建筑遗产空间的建筑立面形式多度向量解析

空间类别	形式丰度	立面形式[①]	共性立面形式[①]	差异性立面形式[①]
		多度向量	多度向量	多度向量
土著文化类	10	(X, YS, CJ, ZL, M, PT, JG, RK, WT, PFSQ)	(X, YS, ZL, WT,)	(CJ, M, PT, JG, RK, PFSQ)
		(2,9,1,11,1,8,1,1,2,1)	(2,9,11,2)	(1,1,8,1,1,1)
融合文化类	11	(X, XS, YS, CJ, J, QTWD, T, ZL, WL, PT, WT)	(X, YS, ZL, WT)	(XS, CJ, J, QTWD, T, WL, PT)
		(1,3,4,3,1,3,3,9,3,9,6)	(1,4,9,6)	(3,3,1,3,3,3,9)
移民文化类	21	(P, PY, X, XS, YS, CJ, WD, J, JP, QTWD, T, ZL, M, YL, WL, PT, JG, WT, PFSQ, PFDM, QTLM)	(X, YS, ZL, WT)	(P, PY, XS, CJ, WD, J, JP, QTWD, M, T, YL, WL, PT, JG, PFSQ, PFDM, QTLM)
		(1,5,56,29,39,21,3,8,3,1, 21,124,2,2,17,88,11,67,5, 6,1)	(56, 39, 124, 67)	(1,5,29,21,3,8,3,1,2, 21,2,17,88,11,5,6,1)
外国文化类	18	(P, OS, X, XS, YS, CJ, Q, ZL, M, TL, XT, WL, RK, WT, PFSQ, PFDM, LH, QTLM)	(X, YS, ZL, WT)	(P, OS, XS, CJ, Q, M, TL, XT, WL, RK, PFSQ, PFDM, LH, QTLM)
		(19,1,22,9,8,3,2,27,13,4, 2,18,2,62,1,1,4,4)	(22,8,27,62)	(19,1,9,3,2,13,4,2,18, 2,1,1,4,4)
三线建设文化类	6	(P, X, YS, ZL, WL, WT)	(X, YS, ZL, WT)	(P, WL)
		(2,1,8,1,12,12)	(1,8,1,12)	(2,12)

注：①立面形式代码：屋顶形式——平屋顶(P)、披檐平屋顶(PY)、欧式坡屋顶(OS)、歇山顶(X)、悬山顶(XS)、硬山顶(YS)、攒尖顶(CJ)、庑殿顶(WD)、卷棚顶(J)、卷棚歇山顶(JP)、穹隆顶(Q)、其他(QTWD)；屋身形式——亭(T)、柱廊(ZL)、檐廊(YL)、挑廊(TL)、悬挑阳台(XT)、门廊(M)、无廊(WL)；台基形式——普通台基(PT)、较高级台基(JG)、入口阶梯(RK)、无台基(WT)；特殊立面造型——牌坊式山墙造型(PFSQ)、牌坊式大门造型(PFDM)、老虎窗造型(LH)、其他(QTLM)。

多样性指标数据表明：形式丰度方面，移民文化类、外国文化类建筑的立面形式较多，分别有 21、18 种，三线建设文化类的立面形式最少，只有 6 种；形式多度方面，移民文化类高达 510 个，土著文化类与三线建设文化类分别有 37 个、36 个；多样性指数方面，移民文化类的香浓指数最高（2.3233），三线建设文化类最低（1.3787）；融合文化类的辛普森指数均最高（0.8711），三线建设文化类最低（0.7763）；多度分布均匀度方面，各类建筑遗产的数据均较高，差距不大。

多度向量解析表明：第一，土著文化类建筑遗产的常见立面形式为硬山顶（9 处）、柱廊式屋身（11 处）、普通台基（8 处）等；融合文化类建筑遗产的为硬山屋顶、柱廊式屋身、普通台基等；移民文化类建筑遗产的为歇山顶、柱廊式屋身、普通台基、牌坊式大门造型等；外国文化类建筑遗产的为歇山顶、柱廊式屋身、无台基、老虎窗造型等；三线建设文化类建筑遗产的为硬山屋顶、无廊式屋身、无台基等。第二，歇山顶、硬山顶、柱廊屋身、无台基引入式是所有类建筑遗产空间单元的共性立面形式；较高级台基是土著文化类、移民文化类建筑遗产的共性形式；门廊式屋身、牌坊式山墙是土著文化类、移民文化类、外国文化类建筑遗产的共性形式；卷棚屋顶、亭式屋身是融合文化类、移民文化类建筑遗产的共性形式。第三，披檐平屋顶、庑殿顶、檐廊是移民文化类建筑遗产特有的；欧式坡屋顶、穹窿顶、挑廊屋身、悬挑阳台屋身、老虎窗造型是外国文化类建筑遗产特有的；其他立面形式分别在移民文化类、外国文化类建筑遗产中出现。

（三）局部装饰

1.装饰材料

就遗产建筑的装饰材料而言，根据表 3-3 中的数据绘制出贵阳城各类建筑遗产空间单元的建筑局部装饰材料数量堆积条形图（图 3-12）。

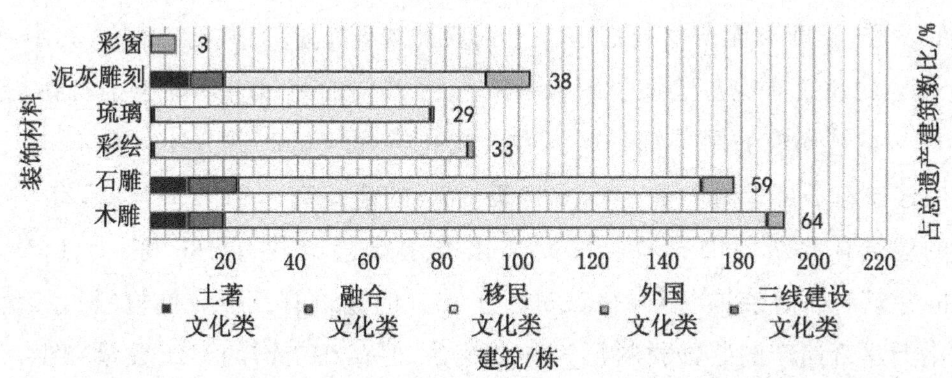

图 3-12　贵阳城各类建筑遗产空间单元的装饰材料数量堆积条形图

贵阳城内现存遗产建筑的装饰材料有木雕、石雕、彩绘、琉璃、泥灰雕刻和彩窗，共 6 种装饰材料（图 3-13）。据统计，现贵阳城建筑遗产共有建筑 269 栋，有木雕装饰的建筑共 172 栋（占总建筑遗产数的 64%），有石雕装饰的建筑共 158 栋（占总建筑遗产数的 59%），有彩绘装饰的建筑共 88 栋（占总建筑遗产数的 33%），有琉璃装饰的建筑共 77 栋（占总建筑遗产数的 29%），有泥灰雕刻装饰的建筑共 103 栋（占总建筑遗产数的 38%），有彩窗装饰的建筑共 7 栋（占总建筑遗产数的 3%），由此可见，贵阳城现存建筑遗产的装饰材料在数量上以木雕和石雕居多。

（a）木雕　（b）石雕　（c）彩绘　（d）琉璃　（e）泥灰雕刻　（f）彩窗

图 3-13　装饰材料图示

从装饰材料的归属类来看：装饰材料种类最多、多样性最好的是外国文化类建筑遗产，既有古建筑常见的木雕、石雕、彩绘、琉璃和泥灰雕刻材料，也有外国建筑独特的彩窗装饰材料，共计 6 种装饰材料，种类丰富，富有特色；装饰材料多样性较好的是移民文化类和融合文化类建筑遗产，两者皆存在中国传统古建筑所常用的木雕、石雕、彩绘、琉璃和泥灰雕刻，共 5 种装饰材料；土著文化类的建筑遗产存在木雕、石雕和彩绘，共 3 种装饰材料，具有一定的多样性；三线建设文化类的建筑遗产，整体风格简洁，无局部装饰。

从装饰材料的建筑个体数量与归属类的关系来看，首先，土著文化类、融合文化类和移民文化类建筑遗产以中国传统古建筑风格为主，装饰材料以古建筑常见的木雕、石雕和泥灰材料居多。土著文化类建筑遗产共有 12 栋，其中有 11 栋近 92%的建筑有泥灰装饰材料，有 10 栋近 83%的建筑有木雕装饰材料，有 10 栋近 83%的建筑有石雕装饰材料。融合文化类建筑遗产共有 15 栋，有 14 栋近 93%的建筑有石雕装饰材料，有 10 栋近 67%的建筑有木雕装饰材料，有 9 栋近 60%的建筑有泥灰装饰材料。移民文化类建筑遗产共有 166 栋，有 147 栋近 89%的建筑有木雕装饰材料，有 125 栋近 75%的建筑有石雕装饰材料。其次，外国文化类建筑遗产的装饰材料形式种类较多，但存在装饰的建筑数量较少，以石雕和泥灰装饰材料居多，该类遗产共有建筑 64 栋，有 12 栋近 19%的建筑有泥灰饰材料，有 9 栋近 14%的建筑有石雕装饰材料。最后，三线建设文化类建筑，整体建筑风格简洁，无局部装饰。

2. 装饰图案

就遗产建筑的装饰图案而言，根据表 3-2 中的数据绘制出贵阳城各类建筑遗产空间单元的建筑装饰图案数量堆积条形图(图 3-14)。

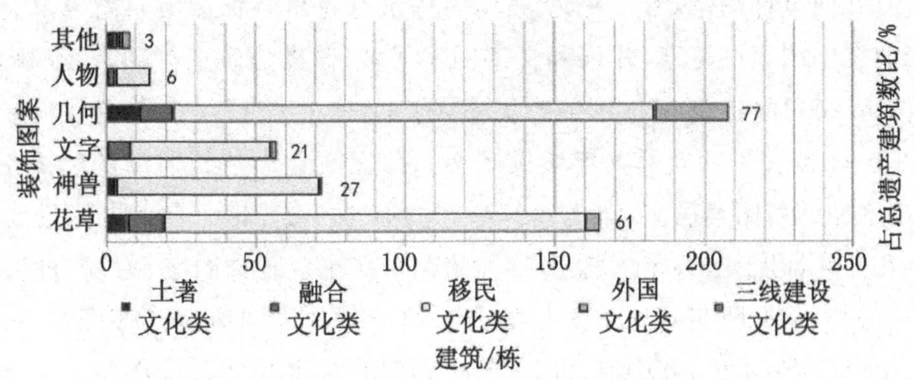

图 3-14　贵阳城各类建筑遗产空间单元的建筑装饰图案数量堆积条形图

贵阳城内现存建筑遗产的装饰图案有花草、神兽、文字、几何、人物和其他，共 6 种装饰图案(图 3-15)，其中在数量上以几何和花草图案装饰居多。据统计，现贵阳城建筑遗产共有建筑 269 栋，有几何装饰图案的建筑共 208 栋(占总建筑遗产数的 77%)，有花草装饰的建筑共 165 栋(占总建筑遗产数的 61%)。

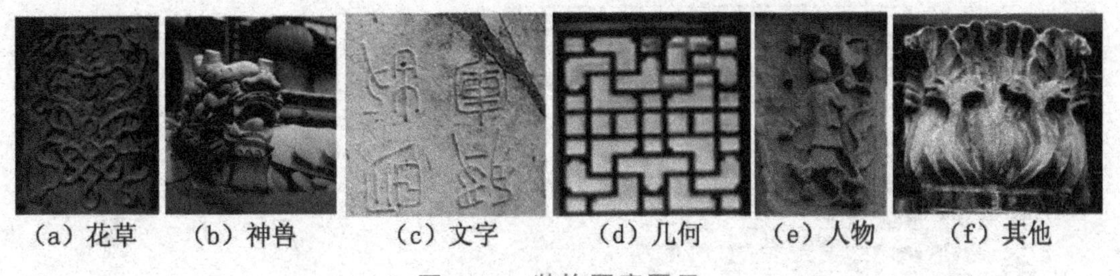

(a) 花草　(b) 神兽　(c) 文字　(d) 几何　(e) 人物　(f) 其他

图 3-15　装饰图案图示

从装饰图案的归属类来看：融合文化类和移民文化类建筑遗产的种类最多、多样性最好，两者均存在花草、神兽、文字、几何、人物和其他(阳明祠和东山寺现存宝瓶图案，高张氏节孝坊现存宝瓶、乐器图案)，共 6 种装饰图案；外国文化类建筑遗产的装饰图案有花草、神兽、文字、几何和其他(王伯群旧居现存白菜图案、清真寺现存月亮图案、海关大楼现存钟表图案)，共 5 种装饰图案，装饰图案较丰富；土著文化类建筑遗产的装饰图案有花草、神兽、几何和其他(达德学校旧址礼堂走廊的两侧石壁上刻有清代管理忠烈宫房屋的组织“盔袍会”某次购置黑羊井街铺房的开支账目、民族文化宫外墙有贵州19个少数民族传统节目的浮雕图案),共4种装饰图案,具有一定的多样性;三线建设文化类建筑遗产,整体风格简洁,无局部装饰。

从装饰图案的建筑个体数量与归属类的关系来看:土著文化类建筑遗产的装饰图案以几何和花草图案居多(该类建筑遗产共有12栋,其中有11栋近92%的建筑有几何装饰图案,有7栋近31%的建筑有花草装饰图案);融合文化类建筑遗产的装饰图案以花草、几何和文字图案居多(该类建筑遗产共有15栋,其中有12栋近80%的建筑有花草装饰图案,有11栋近73%的建筑有几何装饰图案,有8栋近53%的建筑有文字装饰图案);移民文化类建筑遗产的装饰图案以几何、花草和神兽图案居多(该类建筑遗产共有166栋,其中有161栋近97%的建筑有几何装饰图案,有141栋近85%的建筑有花草装饰图案,有68栋近41%的建筑有神兽装饰图案);外国文化类建筑遗产的装饰图案以几何图案居多(该类建筑遗产共有64栋,其中有25栋近40%的建筑有几何装饰图案);三线建设文化类建筑遗产,整体风格简洁,无局部装饰。

3. 装饰部位

就建筑遗产的装饰部位而言,根据表3-3中的数据绘制出贵阳城各类建筑遗产空间单元的建筑装饰部位数量堆积条形图(图3-16)。

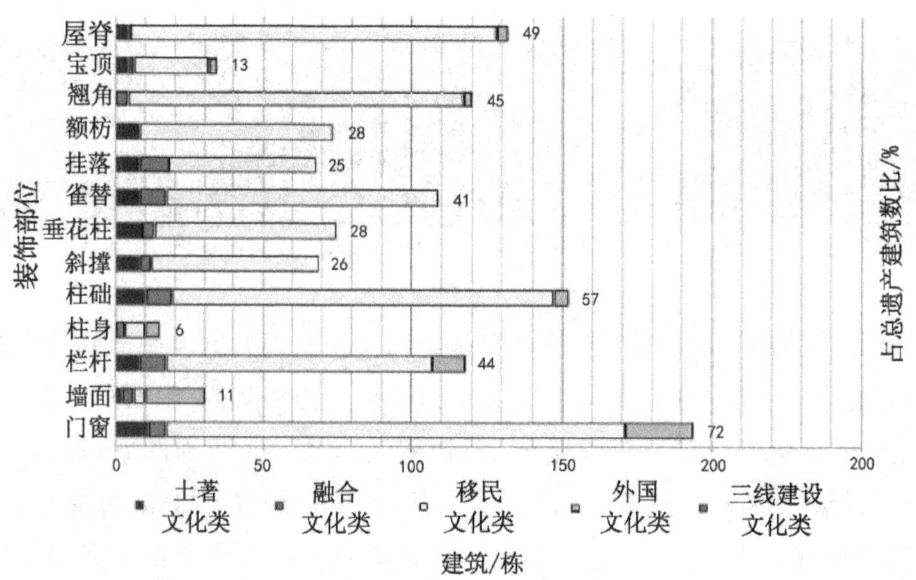

图3-16 贵阳城各类建筑遗产空间单元的建筑装饰部位数量堆积条形图

贵阳城内现存建筑遗产的装饰部位有门窗、墙面、栏杆、柱身、柱础、斜撑、垂花柱、雀替、挂落、额枋、翘角、宝顶和屋脊，共13类建筑装饰部位(图3-17)，其中常被装饰的三个建筑部位是门窗、柱础和屋脊。据统计，现贵阳城建筑遗产共有建筑269栋，门窗被装饰的建筑共有194栋(占总建筑遗产数的72%)，柱础被装饰的建筑共有152栋(占总遗产建筑数的57%)，屋脊被装饰的建筑共有132栋(占总建筑遗产数的49%)。

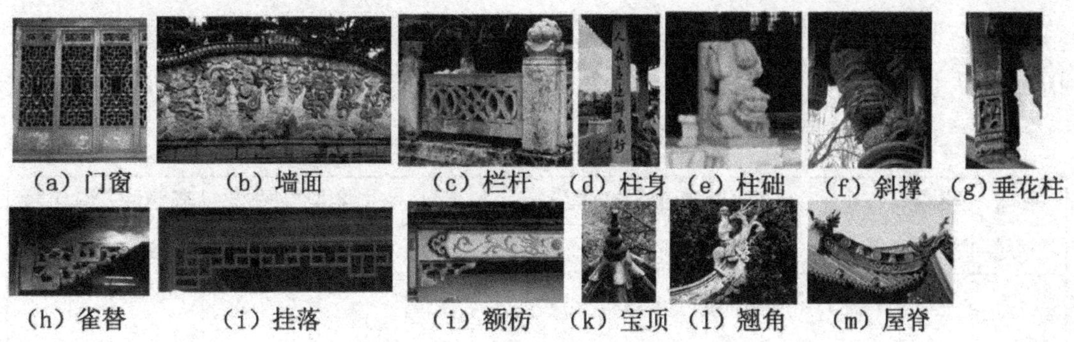

图 3-17 装饰部位图示

从装饰部位的归属类来看：装饰部位种类最多、多样性最好的是移民文化类建筑遗产(常存在13类装饰部位)，多样性较好的是土著文化类建筑遗产(常存在11类装饰部位)和融合文化类建筑遗产(常存在12类装饰部位)，以上三类建筑遗产均遵循中国传统古建筑风格，因此建筑构件较多，装饰部位也较丰富，装饰常存在于门窗、墙面、栏杆、柱身、柱础、斜撑、垂花柱、雀替、挂落、额枋、翘角、宝顶和屋脊；外国文化类建筑遗产大体呈西方建筑风格，因此无雀替、垂花柱、额枋等建筑部位，其建筑装饰常存在于门窗、墙面、栏杆、柱身、柱础、翘角、宝顶和屋脊，共8类装饰部位。

从装饰部位的建筑个体数量与归属类的关系来看：土著文化类建筑遗产常被装饰的三个建筑部位是门窗、柱础和垂花柱(该类建筑遗产共有12栋，其中有11栋近92%的建筑在门窗上有装饰，有10栋近83%的建筑在柱础上有装饰，有9栋近75%的建筑在垂花柱上有装饰)；融合文化类建筑遗产常被装饰的四个建筑部位是挂落、雀替、柱础和栏杆(该类建筑遗产共有15栋，其中有10栋近67%的建筑在挂落上有装饰，在雀替、柱础和栏杆上有装饰的均为9栋约占此类建筑的60%)；移民文化类建筑遗产常被装饰的三个建筑部位是门窗、柱础和屋脊(该类建筑遗产共有166栋，其中有154栋近93%的建筑在门窗上有装饰，有128栋近77%的建筑在柱础上有装饰，有123栋近67%的建筑在屋脊上有装饰)；外国文化类建筑遗产常被装饰的三个建筑部位是门窗、墙面和栏杆(该类建筑遗产共有64栋,其中有23栋近36%的建筑在门窗上有装饰,有20栋近31%的建筑在墙面上有装饰,有11栋近17%的建筑在栏杆上有装饰);三线建设文化类建筑遗产,整体风格简洁,无局部装饰。

4.局部装饰多样性指标

以上分析了各类建筑遗产空间单元具体的建筑形态之局部装饰,而各类建筑遗产空间单元群体整体上出现的局部装饰类型多样性,可进一步通过多样性指标来认识,如表3-8、表3-9所示。

表3-8 贵阳城各类建筑遗产空间的建筑形态之局部装饰类型多样性指标表

空间类别	类型多度	局部装饰类型[①] 多度向量	类型丰度	香浓指数 H	辛普森指数 D	均匀度指数 J_{Si}
土著文化类	133	(MD,SD,N,HC,SS,JH,QTTA,M,Q,L,ZC,X,T,QT,GL,EF,BD,WJ) (10,10,11,7,2,11,2,11,2,8,10,8,9,8,8,8,4,4)	18	2.7848	0.9346	0.9896
融合文化类	137	(MD,SD,C,L,N,HC,SS,WZ,JH,RW,QTTA,M,Q,LG,ZS,ZC,X,T,QT,GL,EF,BD,WJ) (10,14,1,1,9,12,1,8,11,3,2,6,4,9,3,9,4,4,9,10,4,2,1)	23	2.8964	0.9372	0.9798
移民文化类	1904	(MD,SD,C,L,N,HC,SS,WZ,JH,RW,QTTA,M,Q,LG,ZS,ZC,X,T,QT,GL,EF ,QJ,BD,WJ) (147,125,85,75,71,141,68,47,161,12,1,154,4,90,7,128,57,62,92,50,66,113,25,123)	24	2.9526	0.9429	0.9839
外国文化类	146	(MD,SD,C,L,N,CC,HC,SS,WZ,JH,QTTA,M,Q,LG,ZS,ZC,QJ,BD,WJ) (5,9,2,1,12,7,5,1,2,25,3,23,20,11,5,5,3,3,4)	19	2.5693	0.9014	0.9515

续表

空间类别	类型多度	局部装饰类型[①] 多度向量	类型丰度	香浓指数 *H*	辛普森指数 *D*	均匀度指数 J_{Si}
三线建设文化类	—	—	—	—	—	—

注:①局部装饰类型代码:装饰材料——木雕(MD)、石雕(SD)、彩绘(C)、琉璃(L)、泥灰雕刻(N)、彩窗(CC);装饰图案——花草(HC)、神兽(SS)、文字(WZ)、几何(JH)、人物(RW)、其他(QTTA);装饰部位——门窗(M)、墙面(Q)、栏杆(LG)、柱身(ZS)、柱础(ZC)、斜撑(X)、垂花柱(T)、雀替(QT)、挂落(GL)、额枋(EF)、翘角(QJ)、宝顶(BD)、屋脊(WJ)。

多样性指标数据结果表明:类型丰度方面,除三线建设文化类建筑遗产为 0 外,其他各类建筑遗产的差距不大,移民文化类建筑遗产局部装饰类型最多,有 24 种;类型多度方面,移民文化类建筑遗产高达 1904 个,三线建设文化类建筑遗产为 0 个,其他各类差距不大;多样性指数方面,除三线建设文化类建筑遗产外,其他各类差距不大,香浓指数和辛普森指数数值较高,分别在 2.7 和 0.93 上下浮动;多度分布均匀度方面,除三线建设文化类建筑遗产外,其他各类的数据均较高。

表 3-9 贵阳城各类建筑遗产空间的建筑形态之局部装饰类型多度向量解析

空间类别	类型丰度	局部装饰类型[①] 多度向量	共性局部装饰类型[①] 多度向量	差异性局部装饰类型[①] 多度向量
土著文化类	18	(MD, SD, N, HC, SS, JH, QTTA, M, Q, L, ZC, X, T, QT,GL,EF,BD,WJ)	(MD,SD,L,N,HC,SS, JH,M,Q,ZC,BD,WJ)	(QTTA, X, T, QT,GL,EF)
		(10,10,11,7,2,11,2,11,2,8, 10,8,9,8,8,8,4,4)	(10, 10, 8, 11, 7, 2, 11, 11,2,10,4,4)	(2,8,9,8,8,8)

续表

空间类别	类型丰度	局部装饰类型①	共性局部装饰类型①	差异性局部装饰类型①
		多度向量	多度向量	多度向量
融合文化类	23	(MD, SD, C, L, N, HC, SS, WZ, JH, RW, QTTA, M, Q, LG, ZS, ZC, X, T, QT, GL, EF, BD, WJ)	(MD, SD, L, N, HC, SS, JH, M, Q, ZC, BD, WJ)	(C, WZ, RW, QTTA, LG, ZS, X, T, QT, GL, EF)
		(10,14,1,1,9,12,1,8,11,3,2,6,4,9,3,9,4,4,9,10,4,2,1)	(10,14,1,9,12,1,11,6,4,9,2,1)	(1,8,3,2,9,3,4,4,9,10,4)
移民文化类	24	(MD, SD, C, L, N, HC, SS, WZ, JH, RW, QTTA, M, Q, LG, ZS, ZC, X, T, QT, GL, EF, QJ, BD, WJ)	(MD, SD, L, N, HC, SS, JH, M, Q, ZC, BD, WJ)	(C, WZ, RW, QTTA, LG, ZS, X, T, QT, GL, EF, QJ)
		(147,125,85,75,71,141,68,47,161,12,1,154,4,90,7,128,57,62,92,50,66,113,25,123)	(147,125,75,71,141,68,161,154,4,128,25,123)	(85,47,12,1,90,7,57,62,92,50,66,113)
外国文化类	19	(MD, SD, C, L, N, CC, HC, SS, WZ, JH, QTTA, M, Q, LG, ZS, ZC, QJ, BD, WJ)	(MD, SD, L, N, HC, SS, JH, M, Q, ZC, BD, WJ)	(C, CC, WZ, QTTA, LG, ZS, QJ)
		(5,9,2,1,12,7,5,1,2,25,3,23,20,11,5,5,3,3,4)	(5,9,1,12,5,1,25,23,20,5,3,4)	(2,7,2,3,11,5,3)
三线建设文化类	—	—	—	—

注:①局部装饰类型代码:装饰材料——木雕(MD)、石雕(SD)、彩绘(C)、琉璃(L)、泥灰雕刻(N)、彩窗(CC);装饰图案——花草(HC)、神兽(SS)、文字(WZ)、几何(JH)、人物(RW)、其他(QTTA);装饰部位——门窗(M)、墙面(Q)、栏杆(LG)、柱身(ZS)、柱础(ZC)、斜撑(X)、垂花柱(T)、雀替(QT)、挂落(GL)、额枋(EF)、翘角(QJ)、宝顶(BD)、屋脊(WJ)。

多度向量解析表明：第一，土著文化类建筑遗产的常见局部装饰类型为泥灰雕刻、几何图案、门窗部位装饰等；融合文化类建筑遗产的为石雕、花草图案、挂落装饰等；移民文化类建筑遗产的为木雕、几何图案、门窗部位装饰等；外国文化类的为泥灰雕刻、几何图案、门窗部位装饰等。第二，木雕、石雕、琉璃、泥灰雕刻、花草图案、神兽图案、几何图案是所有类建筑遗产空间单元的共性局部装饰类型；斜撑、垂花柱、雀替、挂落、额枋是土著文化类、融合文化类、移民文化类建筑遗产的共性类型；彩绘、文字图案、栏杆装饰、柱身装饰是融合文化类、移民文化类、外国文化类建筑遗产的共性类型。人物图案还是融合文化类、移民文化类建筑遗产的共性类型；翘角部位装饰还是移民文化类、外国文化类建筑遗产的共性类型。第三，各类建筑遗产空间均有自己特殊的其他装饰图案；彩窗是外国文化类建筑遗产特有的装饰类型；土著文化类与外国文化类建筑遗产的局部装饰类型差异度最为明显，没有任何共享的局部装饰类型；融合文化类与移民文化类建筑遗产的局部装饰类型差异度最不明显，移民文化类建筑遗产共 24 种类型，包含融合文化类建筑遗产的 23 种类型，并且多一种翘角部位装饰。

(四)材质与色彩

1. 屋面材质

就遗产建筑的屋顶材质而言，根据表 3-3 中的数据绘制出贵阳城各类建筑遗产空间单元的屋顶材质数量堆积条形图(图 3-18)。

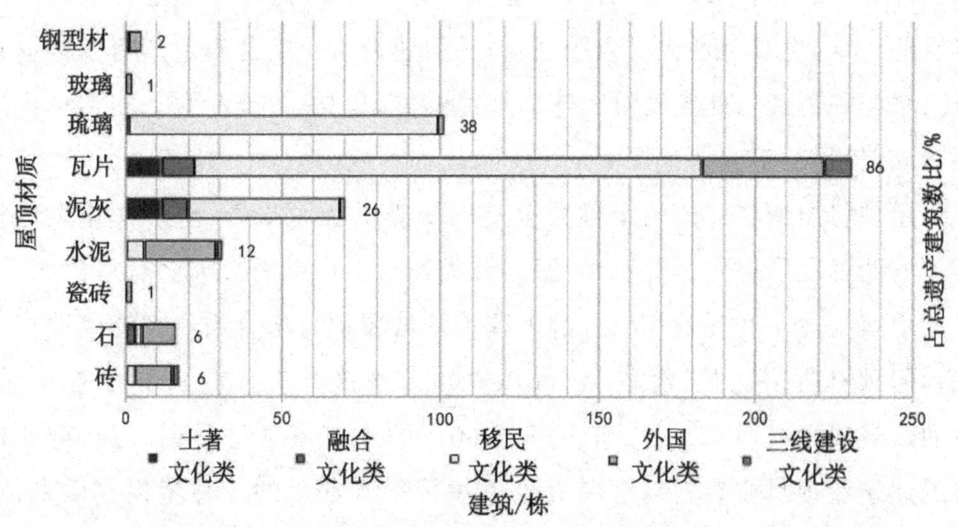

图 3-18　贵阳城各类建筑遗产空间单元的建筑屋顶材质数量堆积条形图

贵阳城内现存遗产建筑的屋顶材质有砖、石、瓷砖、水泥、泥灰、瓦片、琉璃、玻璃和钢型材，共 9 种材质(图 3-19)，其中常用的三种屋顶材质是瓦片、琉璃和泥灰。据统计，现贵阳城建筑遗产共有建筑 269 栋，屋顶材质有瓦片的建筑共有 231 栋(占总建筑遗产数的 86%)，屋顶材质有琉璃的建筑共有 102 栋(占总建筑遗产数的 38%)，屋顶材质有泥灰的建筑共有 70 栋(占总建筑遗产数的 26%)。

(a) 砖 (b) 石 (c) 瓷砖 (d) 水泥 (e) 泥灰 (f) 瓦片 (g) 琉璃 (h) 玻璃 (i) 钢型材

图 3-19 屋顶材质图示

从屋顶材质归属类来看：外国文化类建筑遗产的屋顶材质种类最多，共存在 9 种屋顶材质(砖、石、瓷砖、水泥、泥灰、瓦片、琉璃、玻璃和钢型材)，屋顶材质多样性较好，说明此类建筑在屋顶材质上无固定风格，材质体验感较丰富；移民文化类建筑遗产有 6 种屋顶材质(砖、石、水泥、泥灰、瓦片和琉璃)，此类建筑虽大体上为中国传统古建筑坡屋顶风格，但其通过不同屋顶材质的运用使不同等级、不同功能的建筑区分开，在统一中仍具有较丰富的材质体验；融合文化类建筑遗产有 4 种屋顶材质(石、泥灰、瓦片和琉璃)，与融合文化类建筑遗产相同，此类建筑在遵循中国传统古建筑风格的基础上，应用不同的屋顶材质，产生了不同的材质体验；土著文化类建筑遗产有 3 种屋顶材质(泥灰、瓦片和钢型材)，既有对传统材质的传承，也有对现代材质的创新；三线建设文化类建筑遗产有 3 种屋顶材质(砖、水泥和瓦片)，此类建筑整体风格简洁，屋顶材质虽较为单一，但可识别度较高，具有较强的工业特色。

从屋顶材质所在建筑的个体数量与归属类的关系来看：土著文化类建筑遗产常用的两种屋顶材质是泥灰和瓦片(该类建筑遗产共有 12 栋，其中有 11 栋近 92%的建筑为泥灰和瓦片相结合的中国传统坡屋顶)；融合文化类建筑遗产常用的三种屋顶材质是瓦片、泥灰和石(该类建筑遗产共有 15 栋，其中有 11 栋近 73%的建筑屋顶材质有瓦片，有 9 栋近 60%的建筑屋顶材质有泥灰，有 3 栋近 17%的建筑屋顶材质有石)；移民文化类建筑遗产常用的三种屋顶材质是瓦片、琉璃和泥灰(该类建筑遗产共有 166 栋，其中有 161 栋近 97%的建筑屋顶材质有瓦片，有 98 栋近 59％的建筑屋顶材质有琉璃，有 49 栋近 30％的建筑屋顶材质有泥灰）；外国文化类建筑遗产常用的三种屋顶材质是瓦片、水泥和砖（该类建筑遗产共有 64 栋，其中有 39 栋近 61％的建筑屋顶材质有瓦片，有 21 栋近 33％的建筑屋顶材质有水泥，有 12 栋近 19％的建筑屋顶材质有砖）；三线建设文化类建筑遗产常用的三种屋顶材质是瓦片、水泥和砖（该类建筑遗产共有 12 栋，其中有 9 栋近 75％的建筑屋顶材质有瓦片，有 2 栋近 17％的建筑屋顶材质有水泥，有 2 栋近 17％的建筑屋顶材质有砖）。

2. 墙体材质

就建筑遗产的墙体材质而言，根据表 3-3 中的数据绘制出贵阳城各类建筑遗产空间单元的墙体材质数量堆积条形图（图 3-20）。

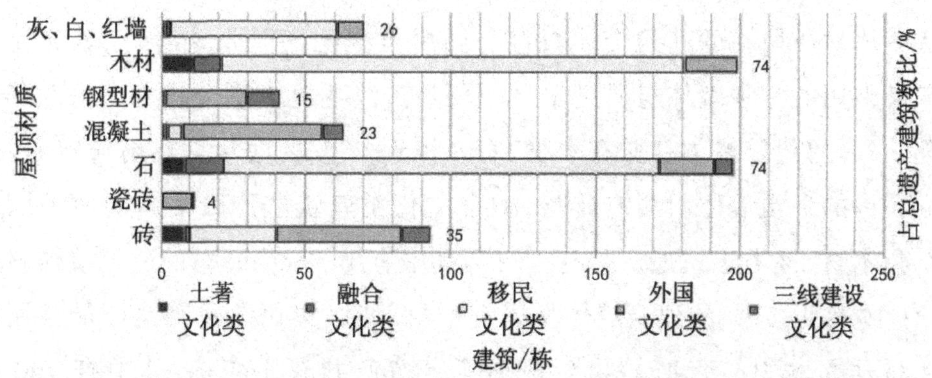

图 3-20　贵阳城各类建筑遗产空间单元的建筑墙体材质数量堆积条形图

贵阳城内现存遗产建筑的墙体材质有砖、瓷砖、石、混凝土、钢型材、木材和颜料墙（灰、白、红墙），共 7 种材质（图 3-21），其中常用的三种墙体材质是木材、石和砖。据统计，现贵阳城建筑遗产共有建筑 269 栋，墙体材质有木材的建筑共有 199 栋（占总建筑遗产数的 74％），墙体材质有石材的建筑共有 198 栋（占总建筑遗产数的 74％），墙体材质有砖材的建筑共有 93 栋（占总建筑遗产数的 35％）。

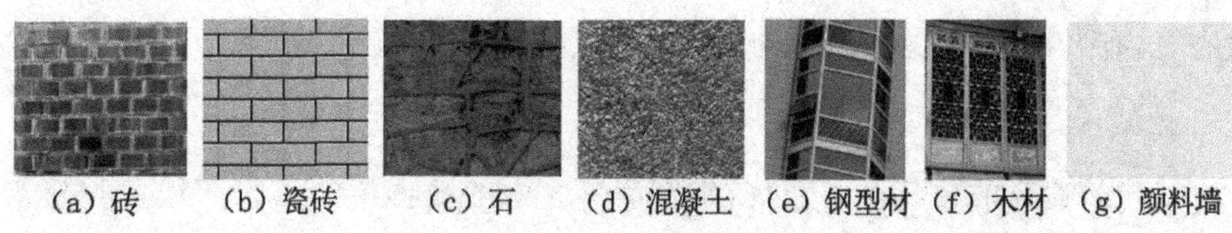

图 3-21　墙体材质图示

从墙体材质的归属类来看:外国文化类建筑遗产的墙体材质种类最多,共存在7种墙体材质(砖、瓷砖、石、混凝土、钢型材、木材和颜料墙),墙体材质多样性较好,说明此类建筑在墙体材质上无固定风格,材质体验感丰富;土著文化类建筑遗产共存在6种墙体材质(砖、石、混凝土、钢型材、木材和颜料墙),材质体验感较丰富,既有对传统材质的传承,也有对现代材质的创新;融合文化类和移民文化类建筑遗产均存在5种墙体材质(砖、石、混凝土、木材和颜料墙),这两类建筑大体上为中国传统古建筑风格,通过不同墙体材质的运用使不同等级、不同功能的建筑区分开,既统一又具有较丰富的材质体验;三线建设文化类建筑遗产共存在5种墙体材质(砖、瓷砖、石、混凝土和钢型材),此类建筑整体为近现代工业风格,墙体材质多为现代材质,虽追寻整体简洁的建筑风貌,但其墙体材质具有一定的多样性,具有较丰富的材质体验,也由此将不同等级、不同功能的建筑区分开。

从墙体材质所在的建筑个体数量与归属类之间的关系来看:土著文化类建筑遗产最常用的三种墙体材质是木材、石和砖,该类建筑遗产共有12栋,其中有11栋近92%的建筑墙体材质有木材,有8栋近66%的建筑墙体材质有石材,有8栋近66%的建筑墙体材质有砖材;融合文化类建筑遗产最常用的两种墙体材质是石和木材,该类建筑遗产共有15栋,其中有14栋近93%的建筑墙体材质有石材,有10栋近67%的建筑墙体材质有木材;移民文化类建筑遗产最常用的三种墙体材质是木材、石和颜料墙,该类建筑遗产共有166栋,其中有160栋近96%的建筑墙体材质有木材,有150栋近90%的建筑墙体材质有石材,有58栋近35%的建筑墙体屋顶材质有颜料墙;外国文化类建筑遗产最常用的三种墙体材质是混凝土、钢型材和砖,该类建筑遗产共有64栋,其中有49栋近77%的建筑墙体材质有混凝土,有43栋近67%的建筑墙体材质有钢材,有29栋近45%的建筑墙体材质有砖;三线建设文化类建筑遗产最常用的四种墙体材质是钢型材、砖、石和混凝土,该类建筑遗产共有12栋,其中有11栋近92%的建筑墙体材质有钢型材,有10栋近83%的建筑墙体材质有砖,有8栋近58%的建筑墙体材质有石,有8栋近58%的建筑墙体材质有混凝土。

3. 建筑色彩

就建筑遗产的建筑色彩而言,根据表3-3中的数据绘制出贵阳城各类建筑遗产空间单元的建筑色彩数量堆积条形图(图3-22)。

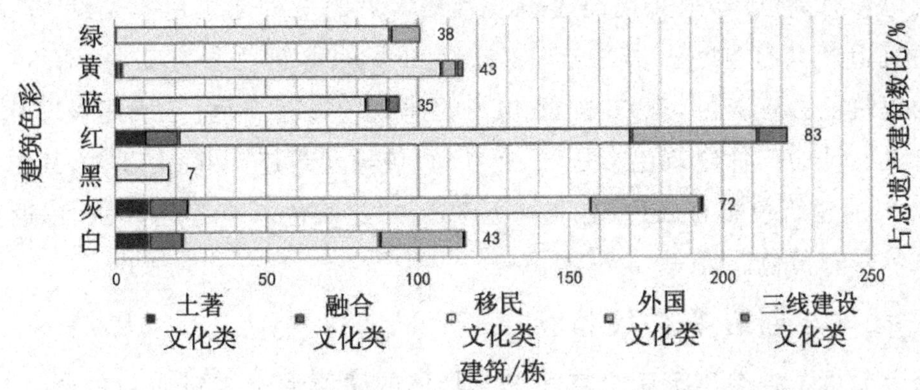

图 3-22　贵阳城各类建筑遗产空间单元的建筑色彩数量堆积条形图

贵阳城现存建筑遗产的建筑色彩有白、灰、黑、红、蓝、黄和绿，共 7 种颜色，其中建筑数量最多的四种颜色是红、灰、白和黄。据统计，现贵阳城建筑遗产共有建筑 269 栋，建筑色彩有红色的建筑共有 222 栋（占总建筑遗产数的 83%），建筑色彩有灰色的建筑共有 194 栋（占总建筑遗产数的 72%），建筑色彩有白色的建筑共有 116 栋（占总建筑遗产数的 43%），建筑色彩有黄色的建筑共有 115 栋（占总建筑遗产数的 43%）。

从建筑色彩的归属类来看：移民文化类建筑遗产的建筑色彩种类最多，共有 7 种颜色（白、灰、黑、红、蓝、黄和绿），色彩丰富，常以灰、白、红和黑作为建筑主色调，蓝、黄和绿作为辅助配色；外国文化类建筑遗产共有 6 种颜色（白、灰、红、蓝、黄和绿），6 种颜色均可作为建筑主色调；土著文化类和三线建设文化类建筑遗产相同，均有 5 种颜色（白、灰、红、蓝和黄），其中土著文化类建筑常以灰、红、蓝和白作为建筑主色调，黄色为辅助配色，三线建设文化类建筑常以灰、白和红色为主色调，以蓝和黄为辅助色调；融合文化类建筑遗产共有 4 种颜色（白、灰、红和黄），常以灰和红作为建筑主色调，白和黄作为辅助配色。

从建筑色彩的建筑个体数量与归属类的关系来看：土著文化类建筑遗产最常见的三种建筑色彩是灰、白和红，该类建筑遗产共有 12 栋，其中有 11 栋近 92%的建筑色彩有灰色，有 11 栋近 92%的建筑色彩有白色，有 10 栋近 83%的建筑色彩有红色；融合文化类建筑遗产最常见的三种建筑色彩是灰、白和红，该类建筑遗产共有 15 栋，其中有 13 栋近 87%的建筑色彩有灰色，有 11 栋近 73%的建筑色彩有白色，有 11 栋近 73%的建筑色彩有红色；移民文化类建筑遗产最常见的三种建筑色彩是红、灰和黄，该类建筑遗产共有 166 栋，其中有 149 栋近 90%的建筑色彩有红色，有 133 栋近 80%的建筑色彩有灰色，有 106 栋近 64%

的建筑色彩有黄色;外国文化类建筑遗产最常见的三种建筑色彩是红、灰和白,该类建筑遗产共有64栋,其中有42栋近66%的建筑色彩有红色,有36栋近56%的建筑色彩有灰色,有28栋近44%的建筑色彩有白色;三线建设文化类建筑遗产最常见的三种建筑色彩是红、蓝和黄,该类建筑遗产共有12栋,其中有10栋近83%的建筑色彩有红色,有4栋近33%的建筑色彩有蓝色,有2栋近17%的建筑色彩有黄色。

4. 材质与色彩多样性指标

以上分析了各类建筑遗产空间单元具体的建筑形态之材质与色彩,而各类建筑遗产空间单元群体整体上出现的材质与色彩类型多样性,可进一步通过多样性指标来认识,如表3-10、表3-11所示。

表3-10 贵阳城各类建筑遗产空间的建筑形态之材质与色彩类型多样性指标表

空间类别	类型多度	建筑形态的材质与色彩类型[①] 多度向量	类型丰度	香浓指数 H	辛普森指数 D	均匀度指数 J_{Si}
土著文化类	87	(NH, W, GC, W—Z, W—S, W—H, W—G, W—W, W—Y, Wh, Gr, Bu, R, Y) (11,11,1,8,8,1,1,11,1,11,11,10,1,1)	14	2.3029	0.8892	0.9575
融合文化类	89	(S, NH, W, L, W—Z, W—S, W—H, W—Y, W—T, Wh, Gr, R, Y) (3,9,11,1,2,14,1,10,2,11,13,11,1)	13	2.2606	0.8827	0.9563
移民文化类	1366	(Z, S, SN, NH, W, L, W—Z, W—S, W—H, W—Y, W—T, Wh, Gr, Bl, R, Bu, Y, G) (3, 2, 6, 49, 161, 98, 30, 150, 5, 160, 58, 65, 133, 18, 149, 82, 106, 91)	18	2.5576	0.9137	0.9674
外国文化类	406	(Z, S, C, SN, NH, W, L, B, GC, W—Z, W—C, W—S, W—H, W—G, W—W, W—Y, Wh, Gr, R, Bu, Y, G) (12,11,2,23,1,39,3,2,4,43,11,19,49,29,18,9,28,39,42,7,5,10)	22	2.7431	0.9237	0.9677

续表

空间类别	类型多度	建筑形态的材质与色彩类型[①]	类型丰度	香浓指数 H	辛普森指数 D	均匀度指数 J_{Si}
		多度向量				
三线建设文化类	67	(Z,SN,W,W—Z,W—C,W—S,W—H,W—G,Wh,Gr,R,Bu,Y)	13	2.2771	0.8817	0.9552
		(2,2,9,10,1,7,7,11,1,1,10,4,2)				

注:①材质与色彩类型代码:屋面——砖(Z)、石(S)、瓷砖(C)、水泥(SN)、泥灰(NH)、瓦片(W)、琉璃(L)、玻璃(B)、钢型材(GC);墙体——砖(W—Z)、瓷砖(W—C)、石(W—S)、混凝土(W—H)、钢型材(W—G)、木材(W—W)、灰/白/红颜料墙(W—Y)、土墙(W—T);色彩——白(Wh)、灰(Gr)、黑(Bl)、红(R)、蓝(Bu)、黄(Y)、绿(G)。

多样性指标数据结果表明:材质与色彩类型丰度方面,外国文化类建筑遗产最多,有 22 种,融合文化类、三线建设文化类建筑遗产最少,有 13 种;多度方面,移民文化类建筑遗产高达 1366 个,三线建设文化类建筑遗产最少,仅有 67 个;多样性指数方面,外国文化类建筑遗产的香浓指数最高(2.7431),各类建筑遗产的辛普森指数均较高,在 0.8817—0.9237 浮动;多度分布均匀度方面,各类建筑遗产的数据均较高,差距不大。

表 3-11　贵阳城各类建筑遗产空间的建筑形态之材质与色彩类型多度向量分析

空间类别	类型丰度	材质与色彩类型[①]	共性材质与色彩类型[①]	差异性材质与色彩类型[①]
		多度向量	多度向量	多度向量
土著文化类	14	(NH, W, GC, W—Z, W—S, W—H, W—G, W—W, W—Y,Wh,Gr,Bu,R,Y)	(W, W—Z, W—S, W—H, Wh, Gr, R, Y)	(NH, GC, W—G, W—W,W—Y,Bu)
		(11,11,1,8,8,1,1,11,1,11,11,10,1,1)	(11,8,8,1,11,11,1,1)	(11,1,1,11,1,10)
融合文化类	13	(S, NH, W, L, W—Z, W—S, W—H, W—Y, W—T, Wh, Gr,R,Y)	(W, W—Z, W—S, W—H, Wh, Gr, R, Y)	(S, NH, L, W—Y, W—T)
		(3,9,11,1,2,14,1,10,2,11,13,11,1)	(11,1,2,1,11,13,11,1)	(3,9,14,10,2)

续表

空间类别	类型丰度	材质与色彩类型①	共性材质与色彩类型①	差异性材质与色彩类型①
		多度向量	多度向量	多度向量
移民文化类	18	(Z,S,SN,NH,W,L,W—Z,W—S,W—H,W—Y,W—T,Wh,Gr,Bl,R,Bu,Y,G)	(W,W—Z,W—S,W—H,Wh,Gr,R,Y)	(Z,S,SN,NH,L,W—Y,W—T,Bl,Bu,G)
		(3,2,6,49,161,98,30,150,5,160,58,65,133,18,149,82,106,91)	(161,30,150,5,65,133,149,106)	(3,2,6,49,98,160,58,18,82,91)
外国文化类	22	(Z,S,C,SN,NH,W,L,B,GC,W—Z,W—C,W—S,W—H,W—G,W—W,W—Y,Wh,Gr,R,Bu,Y,G)	(W,W—Z,W—S,W—H,Wh,Gr,R,Y)	(Z,S,C,SN,NH,L,B,GC,W—C,W—G,W—W,W—Y,Bu,G)
		(12,11,2,23,1,39,3,2,4,43,11,19,49,29,18,9,28,39,42,7,5,10)	(39,43,19,49,28,39,42,5)	(12,11,2,23,1,3,2,4,11,29,18,9,7,10)
三线建设文化类	13	(Z,SN,W,W—Z,W—C,W—S,W—H,W—G,Wh,Gr,R,Bu,Y)	(W,W—Z,W—S,W—H,Wh,Gr,R,Y)	(Z,SN,W—C,W—G,Bu)
		(2,2,9,10,1,7,7,11,1,1,10,4,2)	(9,10,7,7,1,1,10,2)	(2,2,1,11,4)

注:①材质与色彩类型代码:屋面——砖(Z)、石(S)、瓷砖(C)、水泥(SN)、泥灰(NH)、瓦片(W)、琉璃(L)、玻璃(B)、钢型材(GC);墙体——砖(W—Z)、瓷砖(W—C)、石(W—S)、混凝土(W—H)、钢型材(W—G)、木材(W—W)、灰/白/红颜料墙(W—Y)、土墙(W—T);色彩——白(Wh)、灰(Gr)、黑(Bl)、红(R)、蓝(Bu)、黄(Y)、绿(G)。

多度向量解析表明:第一,土著文化类建筑遗产的常见材料与色彩类型为泥灰屋面、瓦屋面、木材墙体、白色与灰色建筑色彩等;融合文化类建筑遗产的为瓦屋面、石材墙身、灰色建筑色彩等;移民文化类建筑遗产的为瓦屋面、颜料墙体、红色建筑色彩等;外国文化类建筑遗产为瓦屋面、混凝土墙体、红色建筑色彩等;三线建设文化类建筑遗产为瓦屋顶、钢型材墙体、红色建筑色彩等。第二,瓦屋面、砖墙体、石材墙体、混凝土墙体、白色建筑色彩、灰色建筑色彩、红色建筑色彩、黄色建筑色彩是所有类建筑遗产空间单元的共性类型;钢型材屋面是土著文化类、外国文化类特有的共性类型;土墙(W—T)是融合文化类、移民文化类特有的共性类型;绿色建筑色彩是移民文化类、外国文化类建筑遗产特色的共性类型。移民文化类与外国文化类建筑遗产的类型相似度最高,共有16种共性(W,W—Z,W—S,W—H,Wh,Gr,R,Y,Z,S,SN,NH,L,W—Y,Bu,G)。第三,黑色建筑色彩是移民文化类建筑遗产特有的色彩类型;瓷砖屋面、玻璃屋面是外国文化类建筑遗产特有的屋面材质类型;融合文化类与三线建设文化类建筑遗产的材质与色彩类型差异度最大。

(五)建筑层数

就建筑遗产的层数而言,根据表3-3中的数据绘制出贵阳城各类建筑遗产空间单元的建筑层数最低值、最高值与平均值折线图(图3-23):当前贵阳城各类建筑遗产空间单元中,建筑遗产层数最高的是土著文化类(民族文化宫,24层),较高的是外国文化类(海关大楼主楼,16层)和三线建设文化类(乌江水泥厂旧址,10层),较低的是移民文化类(东山寺,5层),最低的是融合文化类(2层);各类建筑遗产的建筑层数最低值均为1层;建筑层数极差最大的是土著文化类,较大的是外国文化类和三线建设文化类,较小的是移民文化类,最小的是融合文化类。

总体来说,融合文化类建筑遗产建筑层数差距不大,保持在1—2层以内,均为传统古建筑风格,具有较强的群体性;移民文化类建筑遗产的建筑层数控制在

1—5 层以内，其中有部分现代仿古建筑，但均为低层建筑，与古建筑一起形成较好的古建筑风貌，具有较好的群体性；三线建设文化类建筑遗产多为建筑组群，既有层数多为 1—2 层工业用房，也有层数较高的办公和生活用房，建筑层数参差不齐，城市界面轮廓较多变，其较高层建筑在周围工业用房中具有一定的高度优势，有一定的标志性；外国文化类建筑遗产多为单体建筑，其层数在 1—16 层，平均层数为 4 层，多隐于市内其他建筑中，但也有极具标志性的建筑存在，如海关大楼、金桥饭店、邮电大楼等都是贵阳市内不可忽视的标志建筑；土著文化类建筑遗产层高差异较大，既有 1—2 层的传统古建筑，也有 24 层的现代建筑，说明该类建筑在现代得到了创新与延续，具有成为城市标志建筑的潜力。

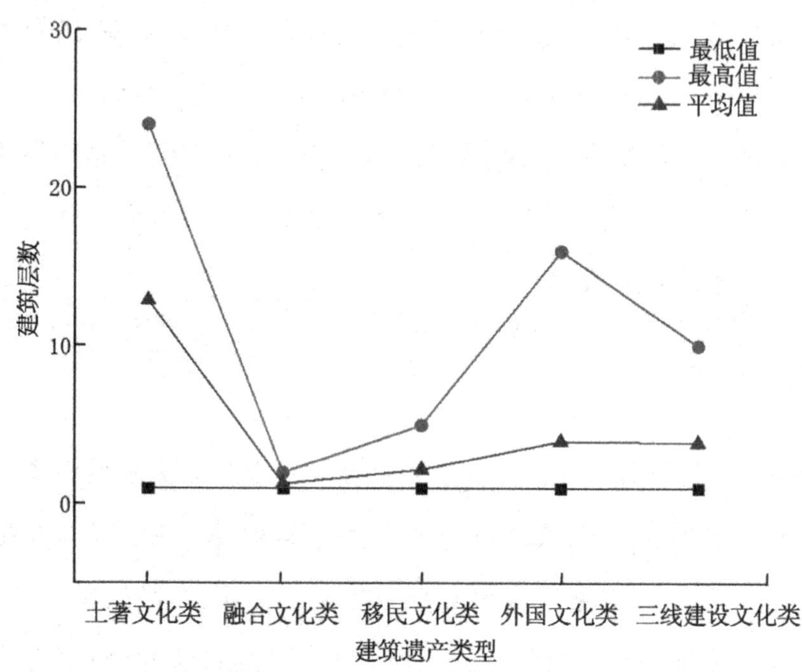

图 3-23 贵阳城各类建筑遗产空间单元的建筑层数统计折线图

(六)建筑形态特征小结

1. 建筑形态多样性特征小结

(1)土著文化类建筑遗产的建筑形态

建筑布局形式丰度最少，仅 2 种，即单体式及合院式布局。立面形式多度较小，有 37 个；常见立面形式为硬山屋顶、柱廊式屋身、普通台基、牌坊式山墙造型，门廊式屋身类型也见选用，较为特有的是较高等级建筑具有较高级台基形式。常见局部装饰类型为泥灰雕刻、几何图案、门窗部位装饰等；有自己特殊的其他装饰图案。常见的材质与色彩类型为泥灰屋面、瓦屋面、木材墙体、白色与灰色建筑色彩等。建筑层数极差较大，既有1—2层的传统古建筑，也有24层的现代建筑，具有成为标志建筑的潜力。

(2)融合文化类建筑遗产的建筑形态

建筑布局形式丰度最少，仅2种，即单体式及围合式布局。立面形式辛普森指数最高(0.8711)；常见硬山屋顶、柱廊式屋身、普通台基等；常见局部装饰为石雕、花草图案、挂落装饰等；有自己特殊的其他装饰图案。材质与色彩类型丰度最少，仅13种；常见的类型为瓦屋面、石材墙身、灰色建筑色彩等。此类遗产建筑的高度控制较好，层数极差最小，具有较强的群体性，均为传统古建筑风格。

(3)移民文化类建筑遗产的建筑形态

平面布局形式最多，有6种；常见的布局形式为围合式，香浓指数及辛普森指数最高(分别为1.5709、0.7590)，混合式布局是其特有布局形式。立面形式丰度较多(21种)，多度值最大(510个)，香浓指数最高(2.3233)；常见歇山屋顶、柱廊式屋身、普通台基等；特有的立面形式为披檐平屋顶、庑殿顶、檐廊；也有自己的其他立面造型。局部装饰类型丰度最多，有24种，多度达到1904个，常见局部装饰类型为木雕、几何图案、门窗部位装饰等，有自己的其他装饰图案，例如宝瓶图案。材质与色彩类型多度最高，有1366个；常见的类型有瓦屋面、颜料墙体、红色建筑色彩等；黑色是特有的建筑色彩类型。虽然此类建筑形态的多样性较为突出，但总体仍为中国传统古建筑风格，随着创新与传承，也存在现代化仿古风格建筑，整体风格协调，层数极差较小，现代仿古建筑也均为低层建筑，与古建筑一起形成较好的古建筑风貌，具有较好的群体性。

(4)外国文化类建筑遗产的建筑形态

平面布局形式最多，有6种；常见的布局形式为单体建筑式，轴线式布局是其特有布局。立面形式丰度较多(18种)；常见歇山屋顶、柱廊式屋身、无台基、老虎窗造型等；特有的立面形式为欧式坡屋顶、穹隆顶、挑檐屋身、悬挑阳台屋身、老虎窗造型；也有自己的其他立面造型，如“邦克楼”原柱、十字架、台灯、烟囱等。常见局部装饰类型为泥灰雕刻、几何图案、门窗部位装饰等；彩窗是其特有的局部装饰类型，有自己的其他装饰图案，如白菜、月亮和钟表图案。材质与色彩类型丰度最多,有 22 种,且香浓指数最高(2.7431);常见的类型为瓦屋面、混凝土墙体、红色建筑色彩等;瓷砖屋面、玻璃屋面是其特有的材质类型。该类建筑遗产形态的总体风格多变,极具中西合璧风貌,层数极差较大,平均层数为 4 层,多隐于市内其他建筑中,也有层数较高者,具地标性特点。

(5)三线建设文化类建筑遗产的建筑形态

建筑平面布局形式丰度适中,有 4 种类型(D,L,U,FCy)。立面形式丰富最少(6 种),多度最小(36 个),香浓指数及辛普森指数均最低(分别为 1.3787、0.7763);常见硬山屋顶、无廊式屋身、无台基等。因无局部装饰,因此没有局部装饰方面的相关数据。材质与色彩类型丰度最少,仅 13 种,类型多度最小,仅 67 个;常见的类型为瓦屋面、钢型材墙体、红色建筑色彩等。层数极差较大,既有 1—2 层的工业用房,也有层数较高的办公和生活用房,建筑层数参差不齐,城市界面轮廓较多变,有一定的标志性。

2.建筑形态融合性特征小结

(1)建筑平面布局形式方面

单体建筑布局形式、围合布局形式是所有类的共性平面布局形式。

(2)立面形式方面

歇山顶、硬山顶、柱廊屋身、无台基引入式是所有类建筑遗产空间单元遗产建筑的共性形式。较高级台基是土著文化类、移民文化类建筑遗产的共性形式;门廊式屋身、牌坊式山墙是土著文化类、移民文化类、外国文化类建筑遗产的共性形式;卷棚屋顶、亭式屋身是融合文化类、移民文化类建筑遗产的共性形式;牌坊式大门是移民文化类、外国文化类建筑遗产的共性形式。

(3)局部装饰方面

木雕、石雕、琉璃、泥灰雕刻、花草图案、神兽图案、几何图案是所有类建筑遗产空间单元的共性局部装饰类型;斜撑、垂花柱、雀替、挂落、额枋是土著文化类、融合文化类、移民文化类建筑遗产的共性类型;彩绘、文字图案、栏杆装饰、柱身装饰是融合文化类、移民文化类、外国文化类建筑遗产的共性类型。人物图案是融合文化类、移民文化类建筑遗产的独有共性类型;翘角部位装饰是移民文化类、外国文化类建筑遗产的独有共性类型。融合文化类与移民文化类建筑遗产的局部装饰类型融合特征非常明显,融合文化类建筑遗产共 23 种类型全被包含在移民文化类的 24 种类型中,移民文化类多出的一种类型为翘角部位装饰。

(4)材质与色彩方面

瓦屋面、砖墙体、石材墙体、混凝土墙体、白色建筑色彩、灰色建筑色彩、红色建筑色彩、黄色建筑色彩是所有类建筑遗产空间单元的共性类型。钢型材屋面是土著文化类、外国文化类建筑遗产特有的共性类型;土墙是融合文化类、移民文化类建筑遗产特有的共性类型;绿色建筑色彩(G)是移民文化类、外国文化类建筑遗产特有的共性类型。移民文化类与外国文化类建筑遗产的材质与色彩相似度最高,共有 16 种共性类型(W,W—Z,W—S,W—H,Wh,Gr,R,Y,Z,S,SN,NH,L,W—Y,Bu,G)。

二、边界形态及多样性

结合上文中空间边界形态分析的两个指标(边界形状指数与边界密实度),研究各类建筑遗产空间单元的边界形态。绘制出贵阳城内 49 个建筑遗产空间边界的最小面积外接矩形和边界密实度示意图(实边界为实线,虚边界为虚线)如表 3-12、表 3-13 所示。

表 3-12 贵阳城建筑遗产空间类型的空间边界最小面积外界矩形示意图

种类	图例
土著文化类	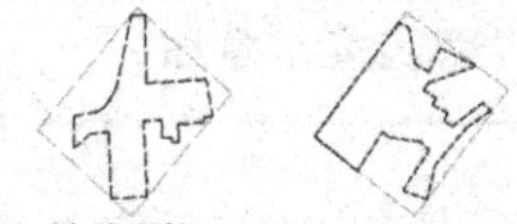 T1 达德学校旧址 T2 民族文化宫
融合文化类	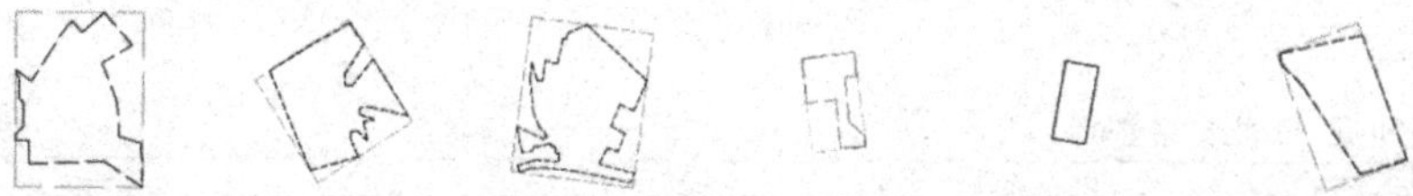 R1 棠荫亭 R2 地母洞 R3 扶风寺、阳明祠、尹道珍祠 R4 君子亭 R5 贾顾氏节孝坊 R6 高张氏节孝坊
移民文化类	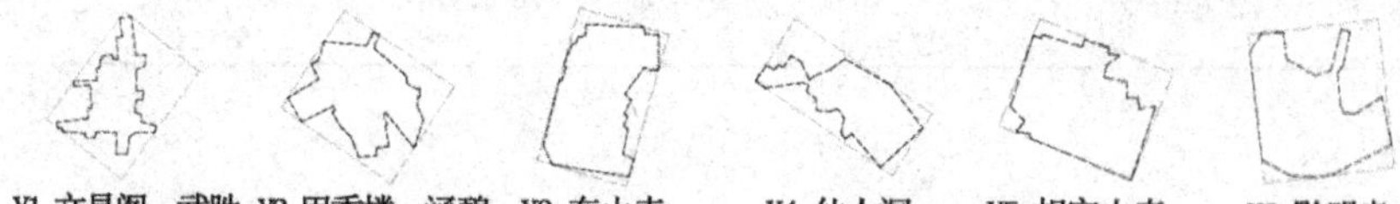 Y1 文昌阁、武胜门遗址 Y2 甲秀楼、涵碧亭、翠微园 Y3 东山寺 Y4 仙人洞 Y5 相宝山寺 Y6 黔明寺 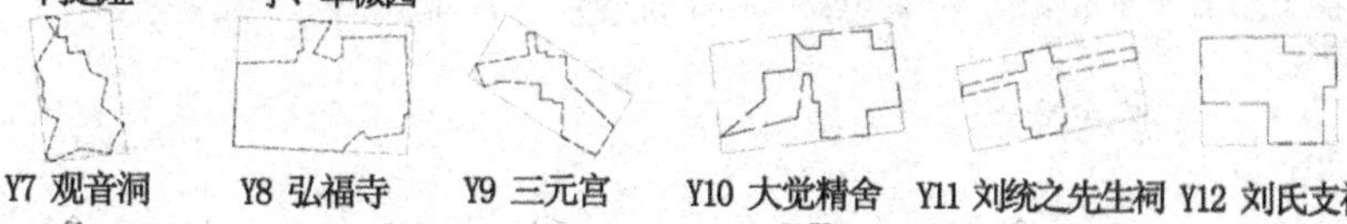Y7 观音洞 Y8 弘福寺 Y9 三元宫 Y10 大觉精舍 Y11 刘统之先生祠 Y12 刘氏支祠 Y13 贵州银行旧址 Y14 高家花园 Y15 麒麟洞 Y16 觉园禅院 Y17 观风台

续表

种类	图例
外国文化类	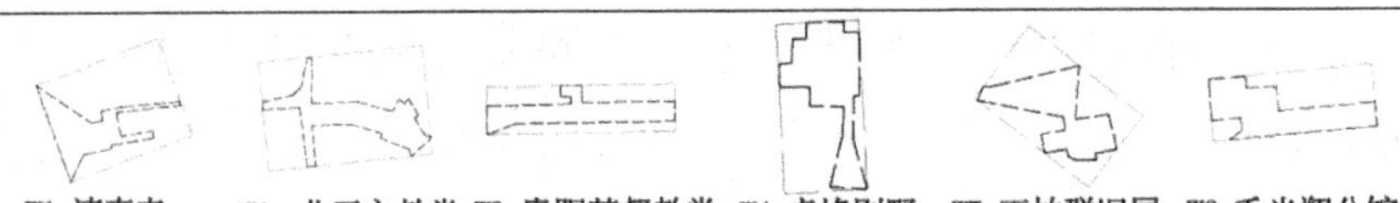 W1 清真寺; W2 北天主教堂; W3 贵阳基督教堂; W4 虎峰别墅; W5 王柏群旧居; W6 毛光翔公馆;  W7 戴蕴珊别墅; W8 民国英式别墅; W9 鹿冲关修道院; W10 金桥饭店; W11 海关大楼主楼; W12 贵州医科大学第一住院部前楼;  W13 邮电大楼; W14 贵州博物馆旧址; W15 贵阳贵州省政法大楼旧址; W16 贵阳师范学院建筑群; W17 贵阳医学院; W18 贵州财经学院旧址;  W19 解放路小学旧址; W20 贵州省冶金厅旧址
三线建设文化类	 S1 向阳机床厂旧址; S2 贵州乌江水泥厂旧址; S3 贵州黔灵印刷厂旧址; S4 电池厂旧址

表 3-13　贵阳城建筑遗产空间类型的空间边界密实度示意图

种类	图例
土著文化类	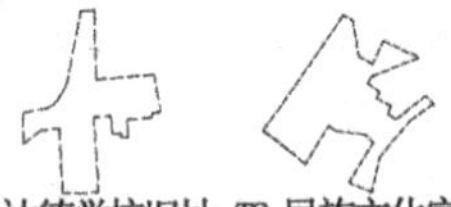 T1 达德学校旧址; T2 民族文化宫
融合文化类	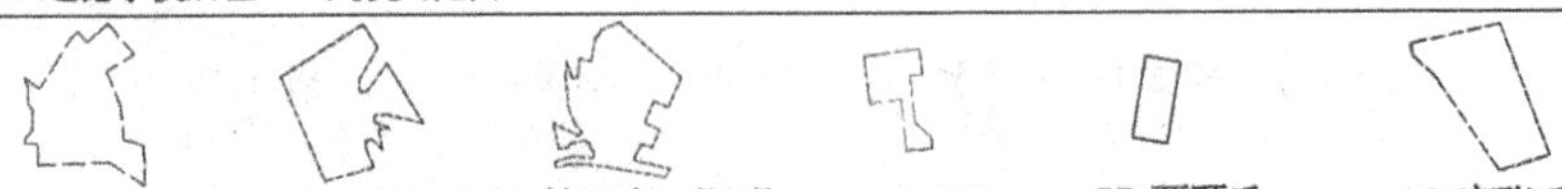 R1 棠荫亭; R2 地母洞; R3 扶风寺、阳明祠、尹道珍祠; R4 君子亭; R5 贾顾氏节孝坊; R6 高张氏节孝坊
移民文化类	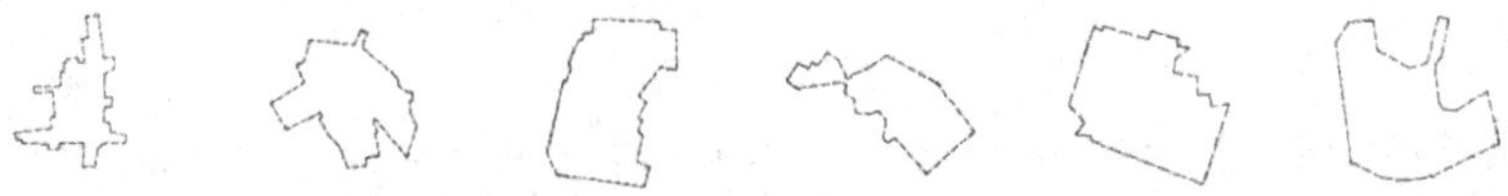 Y1 文昌阁、武胜门遗址; Y2 甲秀楼、涵碧亭、翠微园; Y3 东山寺; Y4 仙人洞; Y5 相宝山寺; Y6 黔明寺;  Y7 观音洞; Y8 弘福寺; Y9 三元宫; Y10 大觉精舍; Y11 刘统之先生祠; Y12 刘氏支祠;  Y13 贵州银行旧址; Y14 高家花园; Y15 麒麟洞; Y16 觉园禅院; Y17 观风台

续表

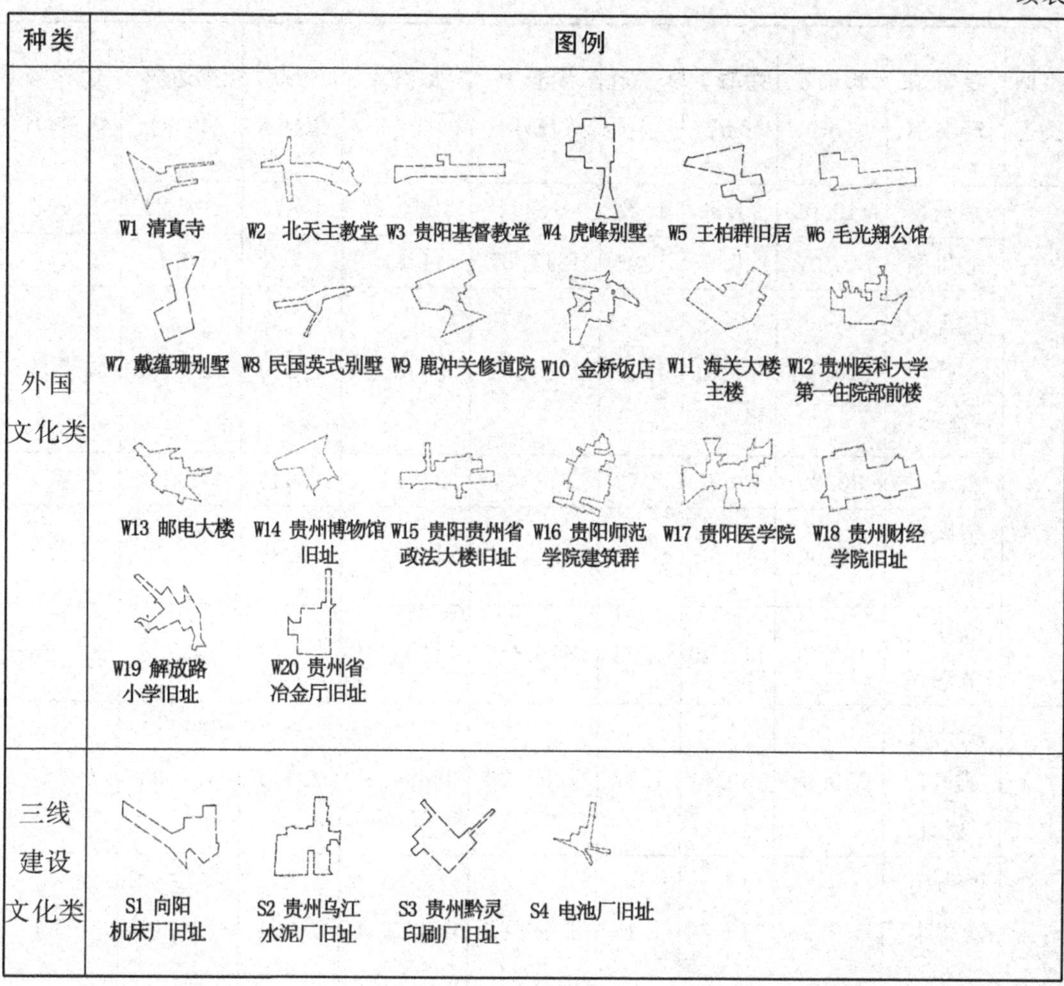

种类	图例
外国文化类	W1 清真寺　W2 北天主教堂　W3 贵阳基督教堂　W4 虎峰别墅　W5 王柏群旧居　W6 毛光翔公馆　W7 戴蕴珊别墅　W8 民国英式别墅　W9 鹿冲关修道院　W10 金桥饭店　W11 海关大楼主楼　W12 贵州医科大学第一住院部前楼　W13 邮电大楼　W14 贵州博物馆旧址　W15 贵阳贵州省政法大楼旧址　W16 贵阳师范学院建筑群　W17 贵阳医学院　W18 贵州财经学院旧址　W19 解放路小学旧址　W20 贵州省冶金厅旧址
三线建设文化类	S1 向阳机床厂旧址　S2 贵州乌江水泥厂旧址　S3 贵州黔灵印刷厂旧址　S4 电池厂旧址

注：实边界为实线，虚边界为虚线。

根据以上绘制的空间边界形态分析图，可得如表 3-14 所示数据：

表 3-14　贵阳城各类建筑遗产空间单元的边界形态数据

空间类型	建筑遗产名称	长轴 a /m	短轴 b /m	长宽比 λ	周长 P /m	面积 A /m^2	形状指数 S	实边界 W(m)	边界密实度/W
土著文化类	达德学校旧址	199.79	162.42	1.23	849.61	14848.51	1.951	494.33	0.582
	贵州民族文化宫	312.92	258.93	1.21	1568.39	47913.00	2.008	576.33	0.367

续表

空间类型	建筑遗产名称	长轴 a (m)	短轴 b (m)	长宽比 λ	周长 P (m)	面积 A (m^2)	形状指数 S	实边界 W(m)	边界密实度/W
融合文化类	棠荫亭	119.62	93.32	1.28	418.71	6264.27	1.475	308.21	0.736
	地母洞	251.28	235.08	1.07	1217.87	44128.29	1.634	170.11	0.140
	扶风寺、阳明祠、尹道珍祠	371.80	306.12	1.21	1797.51	68848.11	1.919	1269.62	0.706
	君子亭	30.85	17.95	1.72	102.49	314.13	1.546	82.71	0.807
	贾顾氏节孝坊	18.09	7.86	2.30	51.91	142.27	1.085	48.49	0.934
	高张氏节孝坊	182.70	112.40	1.63	526.69	14704.79	1.173	303.53	0.576
移民文化类	文昌阁、武胜门遗址	315.91	230.72	1.37	1295.28	28874.15	2.111	971.33	0.750
	甲秀楼、涵碧亭、翠微园	362.98	310.70	1.17	1430.88	65405.93	1.571	798.14	0.558
	东山寺	452.00	274.15	1.65	1448.40	96306.13	1.257	893.44	0.617
	仙人洞	355.22	155.09	2.29	1034.97	32427.15	1.434	347.23	0.335
	相宝山寺	205.57	162.61	1.26	750.08	26180.85	1.294	355.84	0.474
	黔明寺	282.03	259.19	1.09	1154.62	46734.81	1.505	697.40	0.604
	观音洞	341.46	200.08	1.71	1051.02	37987.27	1.443	678.46	0.646
	弘福寺	469.30	333.60	1.41	1718.50	115917.35	1.393	266.38	0.155
	三元宫	215.01	102.85	2.09	648.72	10191.57	1.643	431.12	0.665
	大觉精舍(华家阁楼)	99.83	58.06	1.72	355.10	2966.77	1.743	256.72	0.723

续表

空间类型	建筑遗产名称	长轴 *a*（m）	短轴 *b*（m）	长宽比 *λ*	周长 *P*（m）	面积 *A*（m^2）	形状指数 *S*	实边界 *W*(m)	边界密实度 *W*
移民文化类	刘统之先生祠	171.90	80.43	2.14	503.84	4320.15	1.949	321.17	0.637
	刘氏支祠	70.80	54.57	1.30	247.15	2669.66	1.332	217.79	0.881
	贵州银行旧址	209.36	161.86	1.29	807.76	13107.26	1.966	449.51	0.556
	高家花园	121.84	620.60	0.20	360.64	2912.99	1.236	276.29	0.766
	麒麟洞	314.23	242.87	1.29	1175.71	50847.58	1.453	92.30	0.079
	觉园禅院	184.02	65.61	2.80	490.88	5764.68	1.515	358.27	0.730
	观风台	317.09	235.11	1.35	997.40	60317.22	1.127	663.83	0.666
外国文化类	清真寺	187.69	141.40	1.33	724.10	7338.60	2.349	511.82	0.707
	贵阳北天主教堂	293.78	185.78	1.58	1010.07	14267.66	2.295	749.21	0.742
	贵阳基督教堂	250.71	61.80	4.06	638.20	7032.22	1.552	453.13	0.710
	虎峰别墅	109.50	55.15	1.99	338.22	2862.75	1.637	249.81	0.739
	王伯群旧居	139.28	86.32	1.61	451.37	5088.13	1.711	281.08	0.623
	毛光翔公馆	181.12	66.78	2.71	514.45	6562.15	1.505	345.64	0.672
	戴蕴珊别墅	118.95	59.12	2.01	326.06	3608.03	1.402	228.18	0.700
	民国英式别墅	190.54	133.15	1.43	655.44	5947.69	2.341	432.78	0.660
	鹿冲关修道院	302.89	277.58	1.09	1412.66	53132.80	1.726	360.51	0.255
	金桥饭店	276.32	213.57	1.29	1221.69	24896.39	2.157	740.19	0.606

续表

空间类型	建筑遗产名称	长轴 *a*（m）	短轴 *b*（m）	长宽比 *λ*	周长 *P*（m）	面积 *A*（m^2）	形状指数 *S*	实边界 *W*(m)	边界密实度 *W*
外国文化类	海关大楼主楼	332.87	212.46	1.57	1044.87	40227.86	1.416	450.77	0.431
	贵州医科大学第一住院部前楼	342.97	251.16	1.37	1610.68	40274.76	2.224	1261.53	0.634
	邮电大楼	353.14	193.19	1.83	1283.56	29924.52	1.959	883.98	0.689
	贵州省博物馆旧址	205.77	164.68	1.25	736.17	16765.03	1.589	443.02	0.602
	贵州省政法大楼旧址	396.29	191.22	2.07	1516.44	33251.33	2.131	1259.39	0.83
	贵阳师范学院建筑群	574.12	372.38	1.54	2901.91	119234.08	2.290	2415.03	0.832
	贵阳医学院	370.90	273.56	1.36	1922.94	41735.80	2.610	1152.09	0.599
	贵州财经学院旧址	202.50	114.40	1.77	657.68	14809.35	1.436	573.07	0.871
	解放路小学旧址	185.89	112.53	1.65	719.95	6904.48	2.333	568.52	0.790
	贵州省冶金厅旧址	190.51	107.41	1.77	603.85	9345.69	1.659	480.91	0.796

续表

空间类型	建筑遗产名称	长轴 *a*(m)	短轴 *b*(m)	长宽比 *λ*	周长 *P*(m)	面积 *A*(m^2)	形状指数 *S*	实边界 *W*(m)	边界密实度 *W*
三线建设文化类	向阳机床厂旧址	148.12	95.00	1.56	497.21	5730.56	1.786	439.64	0.884
	贵州乌江水泥厂旧址	272.91	219.22	1.24	1200.42	33029.80	1.847	752.98	0.627
	贵州黔灵印刷厂旧址	107.29	91.53	1.17	418.03	3838.12	1.894	386.04	0.923
	电池厂旧址	210.39	189.71	1.11	929.94	9775.77	2.648	764.366	0.822

基于表 3-14 所得的贵阳城各类建筑遗产空间单元的边界形态数据，可从边界形状指数和边界密实度两方面对建筑遗产空间边界进行分析。

(一)低、中、高边界形状指数类型划分分析

如图 3-24 所示，拟定贵阳城建筑遗产空间形状指数平均值为 μ，标准差为 σ，则 $\mu-\sigma=1.348$，$\mu+\sigma=2.132$，总体数值有 67.3%近似 68%落在距离平均值一个标准差的范围内，根据正态分布的“68-95-99.7 法则”，该组数据满足近似于正态分布。

因此，本文通过($\mu-\sigma$)与($\mu+\sigma$)两个数值将形状指数分为高、中、低三个数据区间，其中 0—1.348 为低形状指数区间，1.348—2.132 为中形状指数区间，2.132 以上为高形状指数区间。综上，结合表 3-6 中的数据可绘制出贵阳城建筑遗产空间形状指数表(表 3-15、表 3-16)与分布图(图 3-25)。

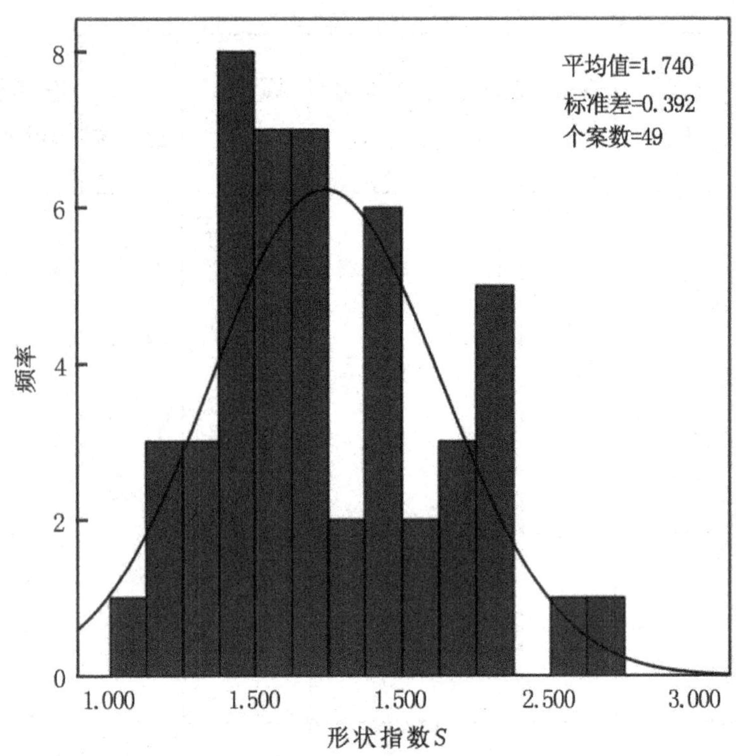

图 3-24　贵阳城建筑遗产空间单元的形状指数正态分布曲线拟合

表 3-15　贵阳城各类建筑遗产空间单元的边界形状指数数据及类型统计表

低形状指数(低 S)			中形状指数(中 S)			高形状指数(高 S)		
空间类别	建筑遗产名称	形状指数	空间类别	建筑遗产名称	形状指数	空间类别	建筑遗产名称	形状指数
融合文化类	贾顾氏节孝坊	1.085	移民文化类	弘福寺	1.393	外国文化类	金桥饭店	2.157
移民文化类	观风台	1.127	外国文化类	戴蕴珊别墅	1.402	外国文化类	贵州医科大学第一住院部前楼	2.224
融合文化类	高张氏节孝坊	1.173	外国文化类	海关大楼主楼	1.416	外国文化类	贵阳师范学院建筑群	2.29
移民文化类	高家花园	1.236	移民文化类	仙人洞	1.434	外国文化类	贵阳北天主教堂	2.295

续表

低形状指数(低 *S*)			中形状指数(中 *S*)			高形状指数(高 *S*)		
空间类别	建筑遗产名称	形状指数	空间类别	建筑遗产名称	形状指数	空间类别	建筑遗产名称	形状指数
移民文化类	东山寺	1.257	外国文化类	贵州财经学院旧址	1.436	外国文化类	解放路小学旧址	2.333
移民文化类	相宝山寺	1.294	移民文化类	观音洞	1.443	外国文化类	民国英式别墅	2.341
移民文化类	刘氏支祠	1.332	移民文化类	麒麟洞	1.453	外国文化类	清真寺	2.349
			融合文化类	棠荫亭	1.475	外国文化类	贵阳医学院	2.61
			移民文化类	黔明寺	1.505	三线建设文化类	电池厂旧址	2.648
			外国文化类	毛光翔公馆	1.505			
			移民文化类	觉园禅院	1.515			
			融合文化类	君子亭	1.546			
			外国文化类	贵阳基督教堂	1.552			
			移民文化类	甲秀楼、涵碧亭、翠微园	1.571			
			外国文化类	贵州省博物馆旧址	1.589			
			融合文化类	地母洞	1.634			
			外国文化类	虎峰别墅	1.637			
			移民文化类	三元宫	1.643			
			外国文化类	贵州省冶金厅旧址	1.659			
			外国文化类	王伯群旧居	1.711			
			外国文化类	鹿冲关修道院	1.726			
			移民文化类	大觉精舍	1.743			
			三线建设文化类	向阳机床厂旧址	1.786			

续表

低形状指数(低 *S*)			中形状指数(中 *S*)			高形状指数(高 *S*)		
			三线建设文化类	乌江水泥厂旧址	1.847			
			三线建设文化类	黔灵印刷厂旧址	1.894			
			融合文化类	扶风寺、阳明祠、尹道珍祠	1.919			
			移民文化类	刘统之先生祠	1.949			
			土著文化类	达德学校旧址	1.951			
			外国文化类	邮电大楼	1.959			
			移民文化类	贵州银行旧址	1.966			
			土著文化类	贵州民族文化宫	2.008			
			移民文化类	文昌阁、武胜门遗址	2.111			
			外国文化类	省政法大楼旧址	2.131			

表 3-16　贵阳城各类建筑遗产空间单元的边界形状指数类型数量统计表

边界形态		土著文化类	融合文化类	移民文化类	外国文化类	三线建设文化类
一级指标	类型指标					
边界形状指数(*S*)	低 *S*	0	0	6	0	0
	中 *S*	2	5	12	12	3
	高 *S*	0	0	0	8	1

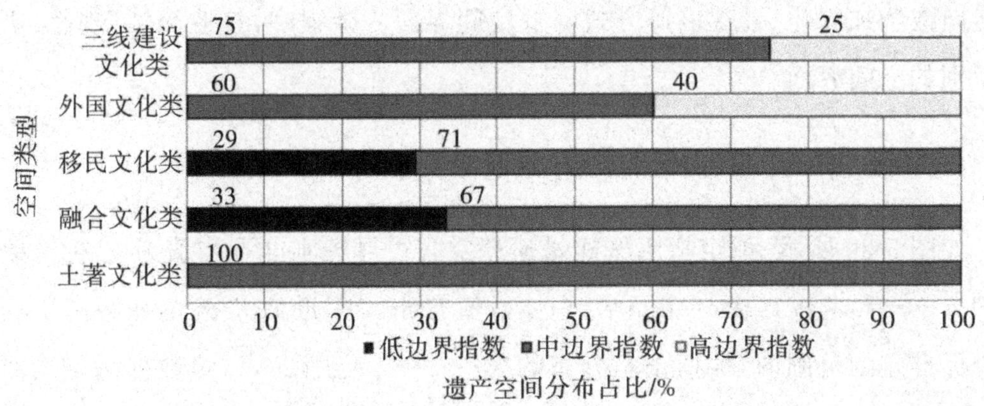

图 3-25　贵阳城各类建筑遗产空间单元的形状指数类型的个体数百分比堆积条形图

据统计，如表 3-15、表 3-16、图 3-25 所示，从整体来看，贵阳城建筑遗产空间大部分位于中形状指数区间内(共 33 处，占 67%)，少部分位于低形状指数区间内(共 9 处，占 18%)，少部分位于高形状指数区间内(共 7 处，占 14%)。

从各类建筑遗产空间单元来看，土著文化类建筑遗产的边界形状指数值在 1.95—2.00，均属于中形状指数类型；融合文化类建筑遗产的边界形状指数值在 1.17—1.91，属中形状指数类型；移民文化类建筑遗产的边界形状指数值在 1.33—2.11，属低、中形状指数类型；外国文化类建筑遗产的边界形状指数值大致在 1.40—2.61，属中、高形状指数类型；三线建设文化类建筑遗产的边界形状指数值在 1.79—2.65，属中、高形状指数类型。从具体空间单元来看，边界形状指数最低的 3 处为移民文化类的东山寺、相宝山寺和刘氏支祠，边界形状指数最高的三处空间为外国文化类的清真寺、贵阳医学院和三线建设文化类的电池厂旧址。

综上所述，针对各类建筑遗产空间单元：移民文化类建筑遗产的空间边界属于低形状指数类型，边界界面最为简洁、规整，更容易营造统一规整的良好界面氛围；而外国文化类和三线文化建设文化类建筑遗产的部分空间单元边界属于高形状指数类型，边界界面最复杂且富有变化，较难形成较好的空间单元整体氛围，在今后的保护工作中应予以重视。49 个空间单元中，大部分边界形状指数属中形状指数类型(34 个)，较容易营造统一规整的界面氛围。在个体空间层面，应注重对清真寺、贵阳医学院和电池厂旧址界面的改善，可通过调整周边建筑走向或增加绿化、景观墙等方式降低空间界面复杂程度,打造简洁、规整、更易被识别的空间界面。

(二)低、中、高边界密实度类型划分分析

如图 3-26 所示,拟定贵阳城建筑遗产空间边界密实度平均值为 μ,标准差为 σ,则 $\mu-\sigma=0.447$,$\mu+\sigma=0.839$,总体数值有 69.3%近似 68%落在距离平均值一个标准差的范围内,根据正态分布的"68-95-99.7 法则",该组数据满足近似于正态分布。因此,本文通过($\mu-\sigma$)与($\mu+\sigma$)两个数值将边界密实度分为高、中、低三个数据区间,其中 0—0.447 为低边界密实度区间,0.447—0.839 为中边界密实度区间,0.839 以上为高边界密实度区间。综上,结合表 3-6 的数据可绘制出贵阳城建筑遗产空间形状指数表(表 3-17、表 3-18)与分布图(图 3-27)。

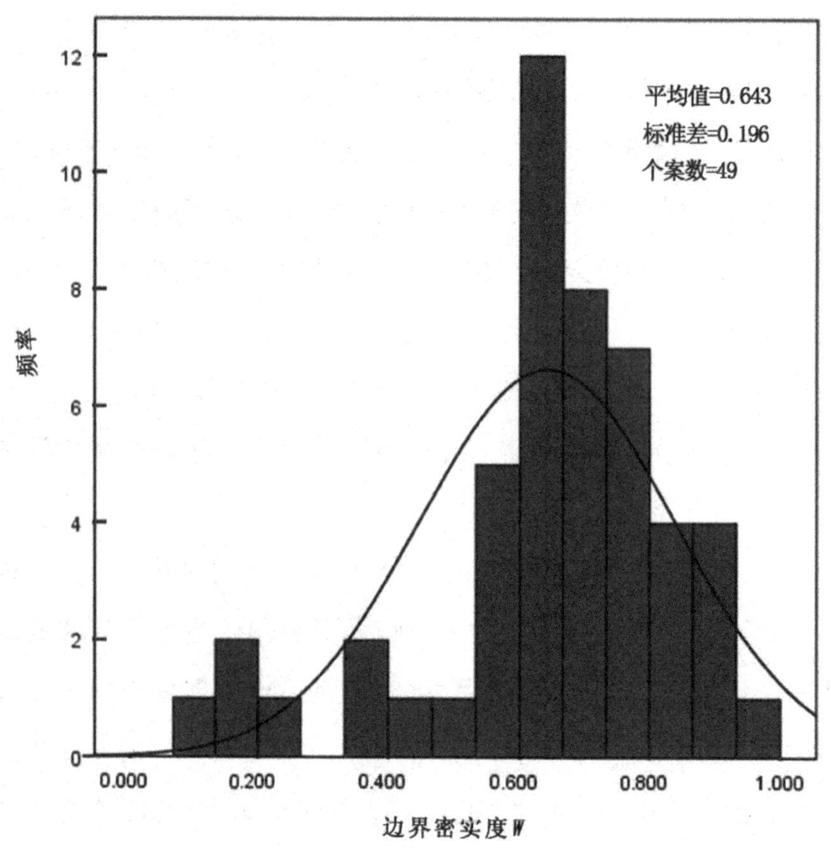

图 3-26　贵阳城建筑遗产空间单元的边界密实度正态分布曲线拟合

表 3-17 贵阳城各类建筑遗产空间单元的边界密实度数据及类型统计表

低密实度(低 *W*)			中密实度(中 *W*)			高密实度(高 *W*)		
空间类别	建筑遗产名称	形状指数	空间类别	建筑遗产名称	形状指数	空间类别	建筑遗产名称	形状指数
移民文化类	麒麟洞	0.079	移民文化类	相宝山寺	0.474	三线建设文化类	电池厂旧址	0.837
融合文化类	地母洞	0.140	移民文化类	贵州银行旧址	0.556	外国文化类	贵州省政法大楼旧址	0.840
移民文化类	弘福寺	0.155	移民文化类	甲秀楼、涵碧亭、翠微园	0.558	融合文化类	君子亭	0.846
外国文化类	鹿冲关修道院	0.255	融合文化类	高张氏节孝坊	0.576	外国文化类	贵州财经学院旧址	0.871
移民文化类	仙人洞	0.335	土著文化类	达德学校旧址	0.582	移民文化类	刘氏支祠	0.881
土著文化类	民族文化宫	0.367	外国文化类	贵阳医学院	0.599	三线建设文化类	向阳机床厂旧址	0.884
外国文化类	海关大楼主楼	0.431	外国文化类	贵州省博物馆旧址	0.602	三线建设文化类	贵州黔灵印刷厂旧址	0.923
			移民文化类	黔明寺	0.604	融合文化类	贾顾氏节孝坊	0.934
			外国文化类	金桥饭店	0.606			
			移民文化类	东山寺	0.617			

续表

低密实度(低 W)			中密实度(中 W)			高密实度(高 W)		
空间类别	建筑遗产名称	形状指数	空间类别	建筑遗产名称	形状指数	空间类别	建筑遗产名称	形状指数
			外国文化类	王伯群旧居	0.623			
			三线建设文化类	乌江水泥厂旧址	0.627			
			外国文化类	贵州医科大学第一住院部前楼	0.634			
			移民文化类	刘统之先生祠	0.637			
			移民文化类	观音洞	0.646			
			外国文化类	民国英式别墅	0.660			
			移民文化类	三元宫	0.665			
			移民文化类	观风台	0.666			
			外国文化类	毛光翔公馆	0.672			
			外国文化类	邮电大楼	0.689			
			外国文化类	戴蕴珊别墅	0.700			
			融合文化类	扶风寺、阳明祠、尹道珍祠	0.706			
			外国文化类	清真寺	0.707			
			外国文化类	贵阳基督教堂	0.710			
			移民文化类	大觉精舍	0.723			

续表

低密实度(低 *W*)			中密实度(中 *W*)			高密实度(高 *W*)		
空间类别	建筑遗产名称	形状指数	空间类别	建筑遗产名称	形状指数	空间类别	建筑遗产名称	形状指数
			移民文化类	觉园禅院	0.730			
			融合文化类	棠荫亭	0.736			
			外国文化类	虎峰别墅	0.739			
			外国文化类	贵阳北天主教堂	0.742			
			移民文化类	文昌阁、武胜门遗址	0.750			
			移民文化类	高家花园	0.766			
			外国文化类	解放路小学旧址	0.790			
			外国文化类	贵州省冶金厅旧址	0.796			
			外国文化类	贵阳师范学院	0.836			

表 3-18　贵阳城各类建筑遗产空间单元的边界密实度类型数量统计表

边界形态		土著文化类	融合文化类	移民文化类	外国文化类	三线建设文化类
一级指标	类型指标					
边界密实度(*W*)	低 *W*	1	1	3	2	0
	中 *W*	1	3	13	16	1
	高 *W*	0	2	1	2	3

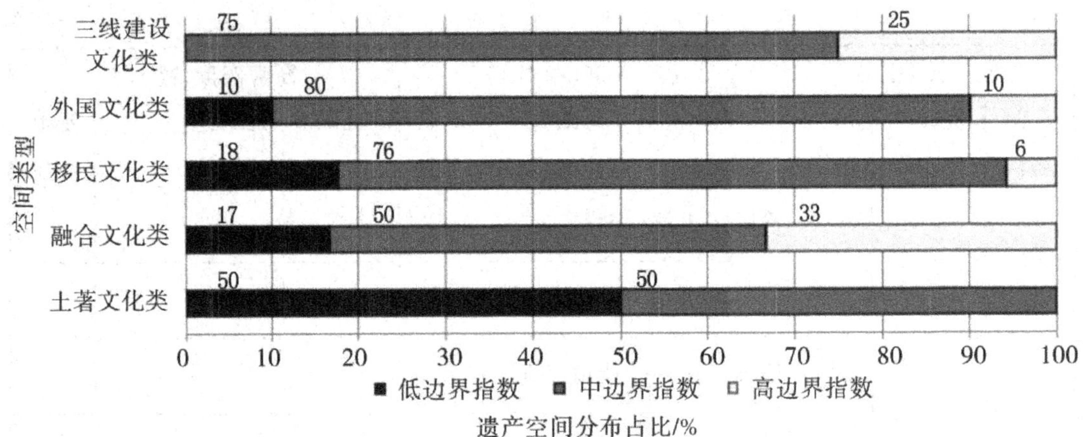

图 3-27　贵阳城各类建筑遗产空间单元的边界密实度类型的个体数百分比堆积条形图

据统计，如表 3-17、表 3-18、图 3-27 所示，从整体来看，贵阳城建筑遗产空间大部分位于中边界密实度区间内（共 34 处，占 69%），属于中密实度类型；较少部分位于高边界密实度区间内（共 8 处，占 16%），属于高密实度类型；少部分位于低边界密实度区间内（共 7 处，占 14%），属于低密实度类型。

从各类建筑遗产空间单元来看，土著文化类建筑遗产的空间边界密实度值在 0.37—0.58，属低、中边界密实度类型；融合文化类建筑遗产的空间边界密实度值在 0.14—0.85，横跨低、中、高三个边界密实度区间，但大部分属于中、高边界密实度类型；移民文化类建筑遗产的空间边界密实度值在 0.33—0.88，横跨低、中、高三个边界密实度区间，但大部属于中密实度类型；外国文化类建筑遗产的空间边界密实度值在 0.43—0.84，横跨低、中、高三个边界密实度区间，但大部分属于中密实度类型；三线建设文化类建筑遗产的空间边界密实度值在 0.63—0.92，属于高、中边界密实度区间，但大部分属高密实度类型。从具体的空间单元来看，边界密实度值最低的三处空间为仙人洞、民族文化宫和海关大楼主楼，边界密实度值最高的三处空间为向阳机床厂旧址、贵州黔灵印刷厂旧址和贾顾氏节孝坊。

（三）边界形态类型多样性指标

以上分析了各类建筑遗产空间单元具体的边界形状指数类型与边界密实度类型，而各类建筑遗产空间单元的边界形态类型整体多样性，可进一步通过多样性指标来认识，如表 3-19 所示。

表 3-19　贵阳城各类建筑遗产空间单元的边界形态类型多样性指标表

<table>
<tr><th rowspan="2">空间类别</th><th rowspan="2">类型多度</th><th>边界形态类型[①]</th><th rowspan="2">类型丰度</th><th rowspan="2">香浓指数 H</th><th rowspan="2">辛普森指数 D</th><th rowspan="2">均匀度指数 J_{Si}</th></tr>
<tr><th>多度向量</th></tr>
<tr><td rowspan="2">土著文化类</td><td rowspan="2">2</td><td>(中 S-低 W,中 S-中 W)</td><td rowspan="2">2</td><td rowspan="2">0.6931</td><td rowspan="2">0.5</td><td rowspan="2">1.0</td></tr>
<tr><td>(1,1)</td></tr>
<tr><td rowspan="2">融合文化类</td><td rowspan="2">6</td><td>(低 S-中 W,低 S-高 W,中 S-低 W,中 S-中 W,中 S-高 W)</td><td rowspan="2">5</td><td rowspan="2">1.5607</td><td rowspan="2">0.7778</td><td rowspan="2">0.9722</td></tr>
<tr><td>(1,1,1,2,1)</td></tr>
<tr><td rowspan="2">移民文化类</td><td rowspan="2">17</td><td>(低 S-中 W,低 S-高 W,中 S-低 W,中 S-中 W)</td><td rowspan="2">4</td><td rowspan="2">1.1499</td><td rowspan="2">0.6298</td><td rowspan="2">0.8397</td></tr>
<tr><td>(4,1,3,9)</td></tr>
<tr><td rowspan="2">外国文化类</td><td rowspan="2">20</td><td>(中 S-低 W,中 S-中 W,中 S-高 W,高 S-中 W)</td><td rowspan="2">4</td><td rowspan="2">1.1936</td><td rowspan="2">0.66</td><td rowspan="2">0.88</td></tr>
<tr><td>(2,8,2,8)</td></tr>
<tr><td rowspan="2">三线建设文化类</td><td rowspan="2">4</td><td>(中 S-中 W,中 S-高 W,高 S-高 W)</td><td rowspan="2">3</td><td rowspan="2">1.0397</td><td rowspan="2">0.625</td><td rowspan="2">0.9375</td></tr>
<tr><td>(1,2,1)</td></tr>
</table>

注:①边界形态类型代码:低边界形状指数-低边界密实度(低 S-低 W)、低边界形状指数-中边界密实度(低 S-中 W)、低边界形状指数-高边界密实度(低 S-高 W)、中边界形状指数-低边界密实度(中 S-低 W)、中边界形状指数-中边界密实度(中 S-中 W)、中边界形状指数-高边界密实度(中 S-高 W)、高边界形状指数-低边界密实度(高 S-低 W)、高边界形状指数-中边界密实度(高 S-中 W)、高边界形状指数-高边界密实度(高 S-高 W)。

多样性指标数据结果表明:各类建筑遗产空间单元边界形态类型丰度方面,外国文化类最多,有 20 种,土著文化类最少,有 2 种。多度方面,各类多度与其建筑遗产空间单元的个数相符;多度向量数据显示,移民文化类中 S-中 W 多度最大,为 9 个,外国文化类中 S-中 W、高 S-中 W 的多度较大,均为 8 个。多样性指数方面,融合文化类的香浓指数、辛普森指数均最高(分别为 1.5607、0.7778),土著文化类的均最低(分别为 0.6931、0,5)。多度分布均匀度方面,各类的数据均较高。

(四)贵阳城建筑遗产空间单元的边界形态类型汇总

贵阳城建筑遗产空间单元的边界形态类型汇总如表 3-20 所示。

表 3-20 贵阳城建筑遗产空间单元的边界形态类型汇总表

类型	建筑遗产空间单元名称(类别编号)
低 S-低 W	无
低 S-中 W	[高张氏节孝坊(R6)] [东山寺(Y3),相宝山寺(Y5),高家花园(Y14),观风台(Y17)]
低 S-高 W	[贾顾氏节孝坊(R5)] [刘氏支祠(Y12)]
中 S-低 W	[贵州民族文化宫(T1)] [地母洞(R2)] [仙人洞(Y4),弘福寺(Y8),麒麟洞(Y15)] [鹿冲关修道院(W9),海关大楼主楼(W11)]
中 S-中 W	[达德学校旧址(T1)] [棠荫亭(R1),扶风寺、阳明祠、尹道珍祠(R3)] [文昌阁(Y1),甲秀楼、涵碧亭、翠微阁(Y2),黔明寺(Y6),观音洞(Y7),三元宫(Y9),大觉精舍(Y10),刘统之先生祠(Y11),贵州银行旧址(Y13),觉园禅院(Y16)] [贵阳基督教堂(W3),虎峰别墅(W4),王伯群旧居(W5),毛光翔公馆(W6),戴蕴珊别墅(W7),邮电大楼(W13),省博物馆旧址(W14),贵州省冶金厅旧址(W20)] [乌江水泥厂旧址(S2)]
中 S-高 W	[君子亭(R4)] [省政法大楼旧址(W15),贵州财经学院旧址(W18)] [向阳机床厂旧址(S1),黔灵印刷厂旧址(S3)]
高 S-低 W	无
高 S-中 W	[清真寺(W1),贵阳北天主教堂(W2),民国英式别墅(W8),金桥大饭店(W10),贵州医科大学第一住院部前楼(W12),贵阳师范学院(W16),贵阳医学院(W17),解放路小学旧址(W19)]
高 S-高 W	[电池厂旧址(S4)]

(五)边界形态多样性特征小结

针对各类建筑遗产空间单元的边界形态而言：土著文化类为中 *S*-中 *W*、中 *S*-低 *W*，空间较为开阔，具有较好的视野，具有形成标志物的潜力；外国文化类的空间单元边界形态有较多高 *S*-中 *W* 类型(8 个)，空间边界形态复杂，边界密实度也不低，使得整体空间单元感受较为局促、压抑，这类空间单元的遗产保护、城市空间更新实践策略需要认真研究；三线建设文化类的空间单元边界形态多为中 *S*-高 *W*、高 *S*-高 *W* 类型，这些空间单元的边界密实度高，会加强空间形状指数偏高带来的空间单元边界信息量过多、形状过于复杂的感受，它们的空间单元遗产保护、城市空间更新实践策略也需要认真研究；具体到空间单元的建议，比如建议注重向阳机床厂旧址、贵州黔灵印刷厂旧址和贾顾氏节孝坊的边界密实度的改善或强化周边的指引标识，以增强这些建筑遗产空间单元的可视度与识别性。

三、结构形态及多样性

基于前文所述空间单元结构形态分析内容，结合表 3-2 中各建筑遗产空间示意图与实际调研情况，对贵阳城内 49 个建筑遗产空间单元的空间斑块构成与室外人行活动空间斑块进行分析，如表 3-21、表 3-22 所示。

表 3-21　贵阳城各类建筑遗产空间单元的斑块构成示意图

种类	图例
土著文化类	 T1 达德学校旧址  T2 民族文化宫
融合文化类	R1 棠荫亭 　R2 地母洞 　R3 扶风寺、阳明祠、尹道珍祠　R4 君子亭 　R5 贾顾氏节孝坊 　R6 高张氏节孝坊

续表

种类	图例
移民文化类	 Y1 文昌阁、武胜门遗址；Y2 甲秀楼、涵碧亭、翠微园；Y3 东山寺；Y4 仙人洞；Y5 相宝山寺；Y6 黔明寺；Y7 观音洞；Y8 弘福寺；Y9 三元宫；Y10 大觉精舍；Y11 刘统之先生祠；Y12 刘氏支祠；Y13 贵州银行旧址；Y14 高家花园；Y15 麒麟洞；Y16 觉园禅院；Y17 观风台  
外国文化类	W1 清真寺；W2 北天主教堂；W3 贵阳基督教堂；W4 虎峰别墅；W5 王柏群旧居；W6 毛光翔公馆；W7 戴蕴珊别墅；W8 民国英式别墅；W9 鹿冲关修道院；W10 金桥饭店；W11 海关大楼主楼；W12 贵州医科大学第一住院部前楼；W13 邮电大楼；W14 贵州博物馆旧址；W15 贵阳贵州省政法大楼旧址；W16 贵阳师范学院建筑群；W17 贵阳医学院；W18 贵州财经学院旧址；W19 解放路小学旧址；W20 贵州省冶金厅旧址  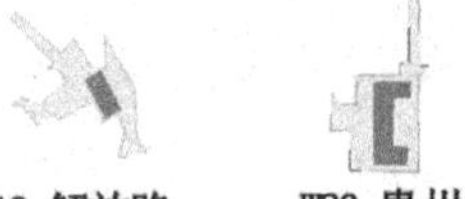
三线建设文化类	 S1 向阳机床厂旧址；S2 贵州乌江水泥厂旧址；S3 贵州黔灵印刷厂旧址；S4 电池厂旧址

注：建筑遗产 林地 绿地 水域 车行交通 庭院 室外人行活动。

表 3-22　贵阳城各类建筑遗产空间单元的室外人行活动空间斑块示意图

种类	图例
土著文化类	 T1 达德学校旧址　T2 民族文化宫
融合文化类	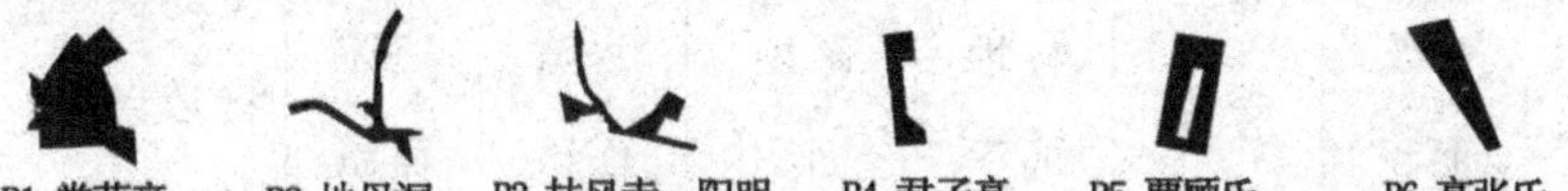 R1 棠荫亭　R2 地母洞　R3 扶风寺、阳明祠、尹道珍祠　R4 君子亭　R5 贾顾氏节孝坊　R6 高张氏节孝坊
移民文化类	 Y1 文昌阁、武胜门遗址　Y2 甲秀楼、涵碧亭、翠微园　Y3 东山寺　Y4 仙人洞　Y5 相宝山寺　Y6 黔明寺　Y7 观音洞　Y8 弘福寺　Y9 三元宫　Y10 大觉精舍　Y11 刘统之先生祠　Y12 刘氏支祠　Y13 贵州银行旧址　Y14 高家花园　Y15 麒麟洞　Y16 觉园禅院　Y17 观风台
外国文化类	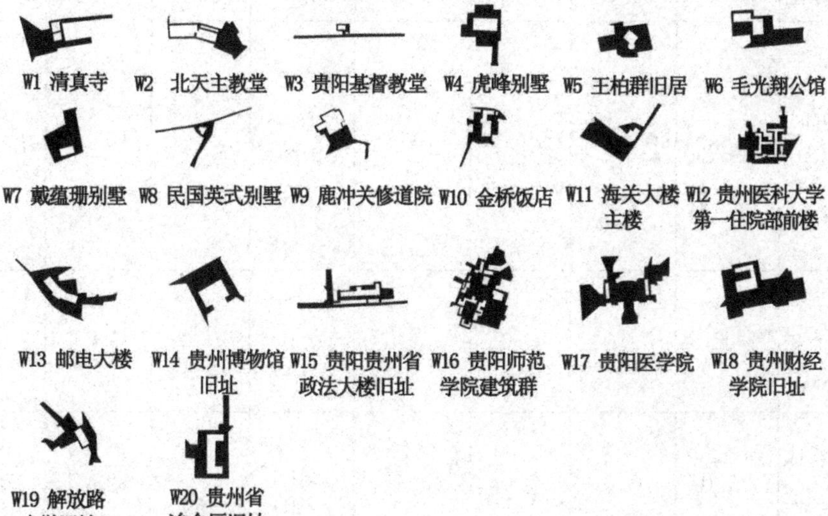 W1 清真寺　W2 北天主教堂　W3 贵阳基督教堂　W4 虎峰别墅　W5 王柏群旧居　W6 毛光翔公馆　W7 戴蕴珊别墅　W8 民国英式别墅　W9 鹿冲关修道院　W10 金桥饭店　W11 海关大楼主楼　W12 贵州医科大学第一住院部前楼　W13 邮电大楼　W14 贵州博物馆旧址　W15 贵阳贵州省政法大楼旧址　W16 贵阳师范学院建筑群　W17 贵阳医学院　W18 贵州财经学院旧址　W19 解放路小学旧址　W20 贵州省冶金厅旧址
三线建设文化类	 S1 向阳机床厂旧址　S2 贵州乌江水泥厂旧址　S3 贵州黔灵印刷厂旧址　S4 电池厂旧址

根据图 3-21 和图 3-22 所绘制的空间斑块分析图,可得如表 3-23 所示数据:

表 3-23　贵阳城各类建筑遗产空间单元的结构形态特征数据统计表

种类	建筑遗产空间单元		空间单元斑块							空间单元面积/m²	室外人行活动空间分维数(*D*)
	编码	名称	建筑面积/m²	车行交通面积/m²	林地面积/m²	绿地面积/m²	水域面积/m²	庭院面积/m²	室外人行活动面积/m²		
土著文化类	T1	达德学校旧址	2175.5	6608.6	0.0	0.0	0.0	1303.2	4803.7	14892	1.343
	T2	民族文化宫	4584.4	22823.7	0.0	4509.7	1373.7	0.0	14621.1	47913	1.177
融合文化类	R1	棠荫亭	18.8	0.0	0.0	649.9	0.0	0.0	5595.6	6265	1.074
	R2	地母洞	84.3	0.0	38133.5	0.0	0.0	0.0	5488.4	43706	1.256
	R3	扶风寺、阳明祠、尹道珍祠	10126.1	4759.6	33691.7	0.0	0.0	8266.1	11976.7	68821	1.234
	R4	君子亭	141.1	0.0	0.0	0.0	0.0	0.0	173.1	314	1.178
	R5	贾顾氏节孝坊	23.0	0.0	0.0	0.0	0.0	0.0	123.1	146	1.243
	R6	高张氏节孝坊	29.4	7305.1	0.0	2828.2	0.0	0.0	4542.2	14704	1.177

续表

种类	建筑遗产空间单元		空间单元斑块							空间单元面积/m²	室外人行活动空间分维数(*D*)
	编码	名称	建筑面积/m²	车行交通面积/m²	林地面积/m²	绿地面积/m²	水域面积/m²	庭院面积/m²	室外人行活动面积/m²		
移民文化类	Y1	文昌阁	3360.2	12424.5	0.0	2334.5	0.0	1208.1	9546.7	28875	1.262
	Y2	甲秀楼、涵碧亭、翠微园	4178.0	6235.6	0.0	5148.3	26044.5	1930.5	27015.3	70553	1.277
	Y3	东山寺	6240.8	0.0	81878.5	0.0	0.0	592.9	7593.9	96307	1.408
	Y4	仙人洞	1664.3	0.0	28574.4	0.0	0.0	233.6	1954.2	32426	1.400
	Y5	相宝山寺	36.8	0.0	23484.1	0.0	0.0	0.0	2660.0	26181	1.425
	Y6	黔明寺	2740.8	2689.7	0.0	10131.7	14542.1	801.5	15828.5	46736	1.137
	Y7	观音洞	3703.5	0.0	31125.2	0.0	0.0	0.0	3158.6	37988	1.436
	Y8	弘福寺	10537.9	0.0	89867.2	0.0	0.0	6196.3	9316.0	115917	1.423
	Y9	三元宫	333.5	0.0	0.0	3888.7	2189.4	0.0	3781.7	37430	1.193
	Y10	大觉精舍	1340.2	0.0	0.0	0.0	0.0	291.5	1335.1	2697	1.361
	Y11	刘统之先生祠	1295.4	0.0	0.0	0.0	0.0	341.3	2683.4	4319	1.303
	Y12	刘氏支祠	316.4	0.0	0.0	0.0	0.0	62.3	2291.0	5517	1.153
	Y13	贵州银行旧址	403.5	6973.6	0.0	0.0	0.0	0.0	5730.1	13108	1.326
	Y14	高家花园	942.1	0.0	0.0	0.0	0.0	289.2	1824.4	3055	1.287

续表

种类	建筑遗产空间单元		空间单元斑块							空间单元面积/m²	室外人行活动空间分维数(*D*)
	编码	名称	建筑面积/m²	车行交通面积/m²	林地面积/m²	绿地面积/m²	水域面积/m²	庭院面积/m²	室外人行活动面积/m²		
移民文化类	Y15	麒麟洞	984.9	0.0	40557.3	0.0	3979.3	0.0	5208.9	50730	1.384
	Y16	觉园禅院	516.3	3779.4	0.0	0.0	0.0	0.0	1469.0	5764	1.447
	Y17	观风台	820.8	0.0	57440.4	0.0	0.0	0.0	2506.6	60768	1.363
外国文化类	W1	清真寺	449.1	2276.1	0.0	0.0	0.0	71.7	4541.7	3339	1.252
	W2	北天主教堂	3474.8	4101.0	0.0	0.0	0.0	605.7	6081.1	14263	1.297
	W3	基督教堂	263.2	5352.5	0.0	0.0	0.0	0.0	1416.5	7033	1.358
	W4	虎峰别墅	590.4	353.7	0.0	0.0	0.0	0.0	1918.7	2863	1.207
	W5	王伯群旧居	300.4	2638.0	0.0	0.0	0.0	0.0	2149.8	5088	1.154
	W6	毛光翔公馆	1148.9	1017.0	0.0	0.0	0.0	0.0	4396.2	6562	1.210
	W7	戴蕴珊别墅	249.0	840.2	0.0	0.0	0.0	0.0	2518.8	3608	1.112
	W8	民国英式别墅	234.2	2554.3	0.0	0.0	0.0	0.0	3159.3	5947	1.360
	W9	鹿冲关修道院	2556.4	0.0	44534.0	0.0	0.0	742.5	5195.1	53028	1.278

续表

种类	建筑遗产空间单元		空间单元斑块							空间单元面积/m²	室外人行活动空间分维数(*D*)
	编码	名称	建筑面积/m²	车行交通面积/m²	林地面积/m²	绿地面积/m²	水域面积/m²	庭院面积/m²	室外人行活动面积/m²		
外国文化类	W10	金桥饭店	2767.4	5744.6	0.0	4639.3	2101.4	0.0	8756.4	24008	1.264
	W11	海关大楼主楼	1580.0	10414.3	0.0	6342.8	7161.2	0.0	14730.1	40228	1.158
	W12	医科大学第一住院部前楼	6854.6	4647.3	0.0	10913.2	0.0	0.0	15714.5	38130	1.276
	W13	邮电大楼	3015.4	10877.4	0.0	961.3	0.0	0.0	15070.5	29924	1.217
	W14	省博物馆旧址	2469.0	4990.1	0.0	737.4	0.0	0.0	8568.4	16764	1.169
	W15	省政法大楼旧址	5823.1	10840.6	0.0	0.0	0.0	0.0	16587.6	33252	1.284
	W16	贵阳师范学院	22566.2	15936.1	0.0	21090.3	0.0	0.0	59640.1	119232	1.253
	W17	贵阳医学院	2203.8	0.0	0.0	21698.3	0.0	0.0	17829.3	41731	1.197
	W18	财经学院旧址	2017.2	0.0	0.0	0.0	0.0	0.0	12792.1	14809	1.153
	W19	解放路小学旧址	865.5	0.0	0.0	0.0	0.0	0.0	6039.0	6905	1.231
	W20	省冶金厅旧址	2415.0	0.0	0.0	0.0	0.0	0.0	6930.7	9346	1.222

续表

种类	建筑遗产空间单元		空间单元斑块							空间单元面积/m^2	室外人行活动空间分维数(*D*)
	编码	名称	建筑面积/m^2	车行交通面积/m^2	林地面积/m^2	绿地面积/m^2	水域面积/m^2	庭院面积/m^2	室外人行活动面积/m^2		
三线建设文化类	S1	向阳机床厂旧址	1922.0	1936.3	0.0	0.0	0.0	0.0	1872.3	5730	1.396
	S2	乌江水泥厂旧址	1265.7	4330.2	0.0	0.0	0.0	0.0	27433.9	33030	1.188
	S3	黔灵印刷厂旧址	1709.5	0.0	0.0	0.0	0.0	0.0	2128.7	3839	1.329
	S4	电池厂旧址	1641.6	0.0	0.0	0.0	0.0	0.0	8069.7	9712	1.251

基于表 3-23 所得的贵阳城建筑遗产空间斑块数据,可从空间斑块类型、空间斑块面积、室外人行活动空间分维数三方面对建筑遗产空间斑块结构多样性进行分析:

(一)斑块类型及面积

1. 斑块类型

基于以上数据,绘制出贵阳城各类建筑遗产空间单元的斑块类型数量堆积条形图(图 3-28):从整体来看,贵阳城内现存的空间斑块有建筑遗产、车行交通、林地、绿地、水域、庭院和室外人行活动空间,共 7 种空间斑块类型(表 3-24、表 3-25、图 3-28),其中建筑遗产与室外人行活动类斑块在每个建筑遗产空间内均存在,除此之外,数量上最多的三类斑块是车行交通、庭院与绿地。

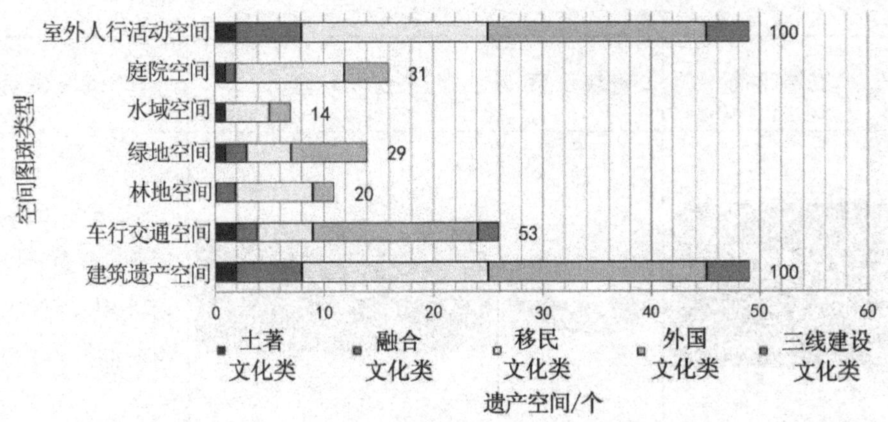

图 3-28　贵阳城各类建筑遗产空间单元的斑块构成及数量堆积条形图

表 3-24　空间单元中的斑块类型图示说明

空间斑块类型	卫星平面	斑块示意	空间示意	斑块说明
建筑遗产空间				代表遗产建筑所占空间
车行交通空间				代表仅允许车行的交通空间(主要为城市主、次干道,不包括人车混行交通空间)
林地空间				代表成片的天然林、次生林或人工林所占空间
绿地空间				代表城市专门用以改善生态,保护环境,为居民提供游憩场地和美化景观的绿化空间,如公园、人工草坪、花坛等

续表

空间斑块类型	卫星平面	斑块示意	空间示意	斑块说明
水域空间	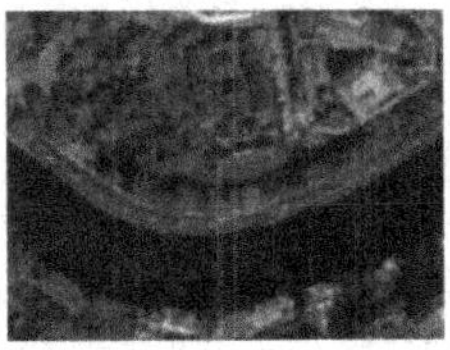			代表江河、湖泊、运河、渠道、水库、水塘及其管理范围所占空间
庭院空间		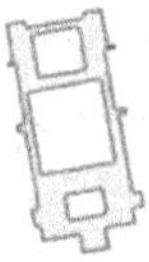		代表建筑物(包括亭、台、楼、榭)前后左右或被建筑物包围的半私密空间
室外人行活动空间	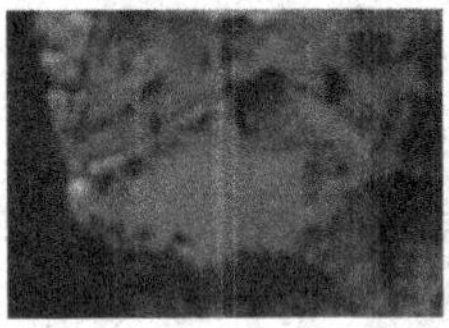	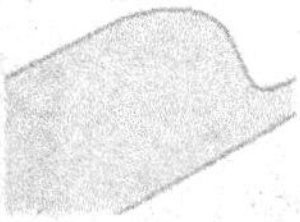		代表人们能通行并进行一定活动的室外公共空间

表 3-25　贵阳城各类建筑遗产空间单元的斑块类型数量统计表

结构形态		土著文化类	融合文化类	移民文化类	外国文化类	三线建设文化类
一级指标	类型指标					
斑块构成	建筑遗产空间	2	6	17	20	4
	车行交通空间	2	2	5	15	2
	林地空间	0	2	7	1	0
	绿地空间	1	2	4	7	0
	水域空间	1	0	4	2	0
	庭院空间	1	1	10	3	0
	室外人行活动空间	2	6	17	20	4

从各类建筑遗产空间单元的斑块类型构成及数量来看：移民文化类包含建筑遗产、车行交通、林地、绿地、水域、庭院和室外人行活动空间 7 种斑块类型，多样性较好。在斑块数量占比上，除建筑遗产和室外人行活动空间斑块外，以庭院、林地和车行交通斑块数量占比居多(59%的空间有庭院斑块，41%的空间有林地斑块，29%的空间有车行交通斑块)。外国文化类的斑块种类最多，包含 7 种斑块类型(建筑遗产、车行交通、林地、绿地、水域、庭院和室外人行活动空间)，多样性最好，有较丰富的景观体验感。在斑块数量占比上，除建筑遗产和室外人行活动空间斑块外，以车行交通和绿地斑块数量占比居多(75%的空间有车行交通斑块，35%的空间有绿地斑块)。土著文化类包含建筑遗产、车行交通、绿地、水域、庭院和室外人行活动空间 6 种斑块类型，多样性较好。在斑块数量占比上，除建筑遗产和室外人行活动空间斑块外，各类型斑块数量占比较均匀(100%的空间有车行交通斑块，有绿地、水域和庭院斑块的空间各占 50%)。融合文化类包含建筑遗产、车行交通、林地、绿地、庭院和室外人行活动空间 6 种斑块类型，多样性较好。在斑块数量占比上，除建筑遗产和室外人行活动空间斑块外，以车行交通、林地和绿地斑块数量占比居多(有以上三类斑块的空间各占 33%)。三线建设文化类包含的斑块种类最少，仅 3 种斑块类型(建筑遗产、车行交通和室外人行活动空间)，多样性较差，景观体验感较弱。在斑块数量占比上，除建筑遗产和室外人行活动空间斑块外，50%的空间有车行交通斑块。

2. 斑块类型多样性指标

以上分析了各类建筑遗产空间单元具体的斑块构成及数量，而各类建筑遗产空间单元群体整体上呈现的斑块类型多样性，可进一步通过多样性指标来认识，如表 3-26 所示。

表 3-26　贵阳城各类建筑遗产空间的斑块类型多样性指标表

空间类别	类型多度	结构形态的斑块类型[①] 多度向量	类型丰度	香浓指数 H	辛普森指数 D	均匀度指数 J_{si}
土著文化类	9	(J,C,LV,S,T,R) (2,2,1,1,1,2)	6	1.7351	0.8148	0.9778
融合文化类	19	(J,C,L,LV,T,R) (6,2,2,2,1,6)	6	1.5939	0.7645	0.9175

续表

空间类别	类型多度	结构形态的斑块类型[①] 多度向量	类型丰度	香浓指数 H	辛普森指数 D	均匀度指数 J_{Si}
移民文化类	64	(J,C,L,LV,S,T,R) (17,5,7,4,4,10,17)	7	1.7821	0.8086	0.9434
外国文化类	68	(J,C,L,LV,S,T,R) (20,15,1,7,2,3,20)	7	1.5908	0.7647	0.8922
三线建设文化类	10	(J,C,R) (4,2,4)	3	1.0549	0.6400	0.9600

注:①斑块构成类型代码:建筑遗产(J)、车行交通(C)、林地(L)、绿地(LV)、水域(S)、庭院(T)、室外人行活动空间(R)。

多样性指标数据结果表明:各类建筑遗产空间的斑块类型丰度方面,移民文化类、外国文化类最多,有 7 种,三线建设文化类最少,只有 5 种。多度方面,外国文化类最多,有 68 个,土著文化类最少,仅有 9 个。多度向量显示,J、R 斑块在各类空间单元中的多度与该类空间单元个数相符;其他斑块,外国文化类 C、LV 多度值高(分别为 15、7),移民文化类 C、L、T 多度值高(分别为 5、7、10)。多样性指数方面,移民文化类的香浓指数最高(1.7821),土著文化类的辛普森指数最高(0.8148),三线建设文化类的香浓指数、辛普森指数均最低(分别为 1.0549、0.6400)。多度分布均匀度方面,各类的数据均较高,相差不大。

3.空间单元及其构成斑块面积

计算分析建筑遗产空间单元面积以及建筑遗产斑块、车行交通斑块、林地斑块、绿地斑块、水域斑块、庭院斑块和室外人行活动空间斑块的平均面积,有助于提出建筑遗产空间单元的保护利用策略,其具体分析如下。

建筑遗产空间单元面积代表建筑遗产空间的体量,反映该建筑遗产空间单元的可塑性潜力,建筑遗产空间单元面积越大,该空间单元的可塑性越强,越有利于修复更新实践,有利于打造出其空间特色;据表 3-27、图 3-29 可知,建筑遗产空间单元平均面积较大的是移民文化类及土著文化类建筑遗产,具有较好的空间可塑性。面积较小的是三线建设文化类和融合文化类建筑遗产,空间可塑潜力较差,可考虑通过整改周边的建筑体量、朝向等方式增加空间单元体量。

建筑遗产斑块面积代表该建筑遗产的体量,反映该建筑遗产的可识别性,斑块面积越大，该建筑遗产体量越大，可识别性越强，越有利于塑造成为城市标志物；据表 3-27、图 3-29 可知，建筑遗产斑块平均面积较大的是土著文化类和外国文化类建筑遗产，说明这两类建筑遗产体量较大，有较好的可识别性，具有成为空间标志物的潜力。面积较小的是融合文化类和三线建设文化类建筑遗产，该类建筑遗产可识别性较差，可通过强化相应的指引系统或增加文化类景观小品，以提高其可识别性。

车行交通斑块面积代表空间内非人行仅车行的城市车行干道与次干道的空间体量，反映该空间的车流量，也反映该空间所处位置是否处于城市重要展示界面，面积越大代表该遗产点越靠近城市干道，越处于城市的重要展示界面，越应对其外立面打造予以重视；据表 3-27、图 3-29 可知，车行交通斑块平均面积较大的是土著文化类和外国文化类建筑遗产，因此应注重这两类建筑遗产外立面造型的打造，注重对其文化的立面展示；

林地、绿地与水域斑块面积代表空间内绿化景观体量，反映该空间观赏性，面积越大代表该空间景观观赏性越强；其中，林地斑块平均面积较大的是移民文化类和融合文化类建筑遗产，绿地斑块平均面积较大的是外国文化类和土著文化类建筑遗产，水域斑块平均面积较大的是移民文化类建筑遗产。总的来说，整体绿化景观平均面积较大的是移民文化类和融合文化类建筑遗产，该类建筑遗产的绿化景观体量较大，应在今后的保护建设工作中加强对其绿化景观的打造与维护，以保证其良好的景观观赏性。其中，绿化景观平均面积较小的是三线建设文化类建筑遗产，其空间无较大的绿化景观空间，因此在今后的保护建设工作中应重视对其绿化景观的弥补。

庭院面积与室外人行活动空间斑块面积代表空间内人们能进行活动的空间体量，其中庭院属于较为私密的活动空间，仅支持特定的或少部分私密活动，而室外人行活动空间则属于较为公共空间，能支持更多的社交活动类型，两者均反映空间的可活动性与可社交性，面积越大，代表空间可活动性与社交性越好；其中，庭院斑块平均面积较大的是融合文化类与移民文化类建筑遗产，说明该类空间能支持更多的室内空间活动，具有较好的私密社交性，可在今后的保护建设工作中适当增加室内活动，如坝坝宴、戏曲表演、作品展示、文化论坛等。室外人行活动空间斑块平均面积较大的是外国文化类、三线建设文化类和土著文化类建筑遗产，说明该类空间能支持较多的室外社交公共活动的产生，具有较好的城市客厅社交功能性,因此在今后的保护建设工作中可通过增加互动式景观小品、座椅、灯具等方式强化其社交空间氛围,以支持并鼓励举办各种公众社交活动。

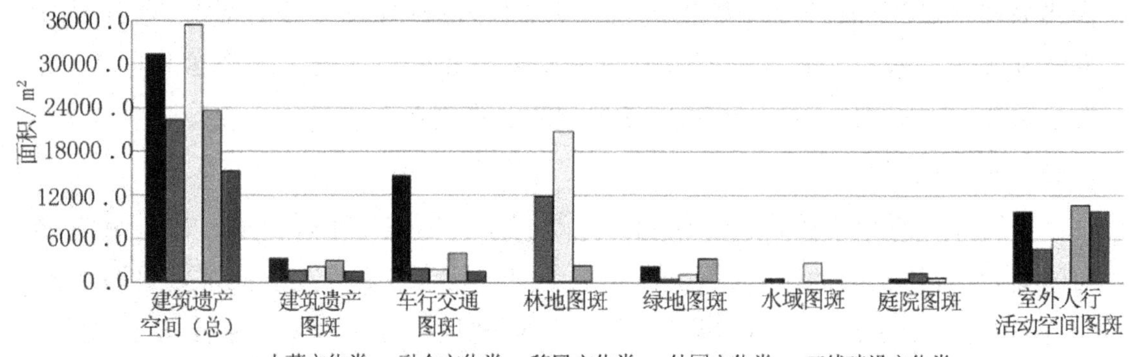

图 3-29　贵阳城各类建筑遗产空间的斑块面积柱形图

表 3-27　贵阳城各类建筑遗产空间单元数及构成斑块面积数据表

—	土著文化类	融合文化类	移民文化类	外国文化类	三线建设文化类
空间单元数量	2	6	17	20	4
空间单元平均面积/m^2	31424	22400	35466	23666	15381
建筑斑块平均面积/m^2	3380	1737	2318	3092	1635
车行交通斑块平均面积/m^2	14716	2011	1888	4129	1567
林地斑块平均面积/m^2	0	11971	20760	2344	0
绿地斑块平均面积/m^2	2255	580	1265	3319	0
水域斑块平均面积/m^2	687	0	2750	463	0
庭院斑块平均面积/m^2	652	1378	703	75	0
室外人行活动空间斑块平均面积/m^2	9712	4650	6112	10702	9876

4.空间单元面积变异分析

贵阳城各类遗产空间单元的面积变异分析如表3-30所示。

表3-30　贵阳城各类建筑遗产空间单元的面积变异分析

<table>
<tr><th rowspan="2">空间类别</th><th rowspan="2">空间单元数</th><th>空间单元[①]</th><th rowspan="2">面积均值（m²）</th><th rowspan="2">面积方差</th><th>极值空间单元</th><th rowspan="2">变异系数</th></tr>
<tr><th>空间单元面积向量</th><th>极值空间单元面积向量</th></tr>
<tr><td rowspan="2">土著文化类</td><td rowspan="2">2</td><td>（T1，T2）</td><td rowspan="2">247007</td><td rowspan="2">232116</td><td>—</td><td rowspan="2">0.94</td></tr>
<tr><td>（14891，479123）</td><td>—</td></tr>
<tr><td rowspan="2">移民文化类</td><td rowspan="2">17</td><td>（Y1，Y2，Y3，Y4，Y5，Y6，Y7，Y8，Y9，Y10，Y11，Y12，Y13，Y14，Y15，Y16，Y17）</td><td rowspan="2">35797</td><td rowspan="2">33185</td><td>（Y3，Y8）</td><td rowspan="2">0.93</td></tr>
<tr><td>（28874，70552，96306，32427，26181，46734，37987，115917，10193，2967，4320，2670，13107，3056，50730，5765，60768）</td><td>（96306，115917）</td></tr>
<tr><td rowspan="2">融合文化类</td><td rowspan="2">6</td><td>（R1，R2，R3，R4，R5，R6）</td><td rowspan="2">22325</td><td rowspan="2">25532</td><td>（R3，R5）</td><td rowspan="2">1.14</td></tr>
<tr><td>（6264，43706，68820，314，146，14705）</td><td>（68820，146）</td></tr>
<tr><td rowspan="2">外国文化类</td><td rowspan="2">20</td><td>（W1，W2，W3，W4，W5，W6，W7，W8，W9，W10，W11，W12，W13，W14，W15，W16，W17，W18，W19，W20）</td><td rowspan="2">26554</td><td rowspan="2">27857</td><td>（W9，W16）</td><td rowspan="2">1.05</td></tr>
<tr><td>（7339，14263，7032，2863，5088，6562，3608，5948，53028，24008，40228，38130，29925，16765，33251，119233，41731，14809，690，9346）</td><td>（53028，119233）</td></tr>
<tr><td rowspan="2">三线建设文化类</td><td rowspan="2">4</td><td>（S1，S2，S3，S4）</td><td rowspan="2">13077</td><td rowspan="2">11712</td><td>（S2）</td><td rowspan="2">0.90</td></tr>
<tr><td>（5731，33030，3838，9711）</td><td>（33030）</td></tr>
</table>

注：①空间单元代码详见表3-23。

通过各类建筑遗产空间单元面积变异分析、识别极值空间单元,可认识该类空间单元群体中的变异对象,有助于判断该类建筑遗产空间单元保护利用、城市空间更新的迫切程度。

例如表3-25面积变异数据显示:空间单元面积变异特征最显著的是融合文化类,变异系数为1.14,其极值变异空间单元为(扶风寺、阳明祠、尹道珍祠,贾顾氏节孝坊)(R3,R5｜68820m^2,146m^2),说明R3"扶风寺、阳明祠、尹道珍祠"在该类建筑遗产空间单元中体量最大,非常适合作为该类建筑遗产空间的典型代表来优先、重点开展保护利用研究与城市空间更新实践,而R5"贾顾氏节孝坊"则因其城市空间单元体量太小,极有可能在城市发展过程中面临被忽视、被消失的危险,因此也同样需要将其作为遗产保护利用实践的优先、重点考虑对象,开展抢救性保护;再如外国文化类,变异系数为1.05,其极值变异空间单元为(毛光翔公馆,贵阳师范学院)(W9,W16｜53028m^2,119233m^2),说明W9"毛光翔公馆"在该类建筑遗产空间单元中体量最小,面临被忽视、被消减的危险,在该类建筑遗产保护实践中应得到重点关注、优首先研究其保护利用策略,而W16"贵阳师范学院"则是该类空间单元中的体量最大者,应将其作为该类建筑遗产典型代表,优先、重点开展保护利用研究与城市空间更新实践。

(二)室外人行活动空间分维数

1.室外人行活动空间分维数类型

如图3-31所示,贵阳城建筑遗产空间单元的室外人行活动空间分维数平均值为μ,标准差为σ,则$\mu-\sigma=1.176$,$\mu+\sigma=1.364$,总体数值有67.3%近似68%落在距离平均值一个标准差的范围内,根据正态分布的"68-95-99.7法则",该组数据满足近似于正态分布。因此,本文通过($\mu-\sigma$)与($\mu+\sigma$)两个数值将形状指数分为高、中、低三个数据区间,其中0—1.176为低分维数区间,界定为低分维类型,1.176—1.364为中分维数区间,界定为中分维类型,1.364以上为高分维数区间,界定为高分维类型。综上,结合表3-13的数据可绘制出贵阳城建筑遗产空间的室外人行活动空间分维数区间表(表3-32、表3-33)与分布图(图3-34)。

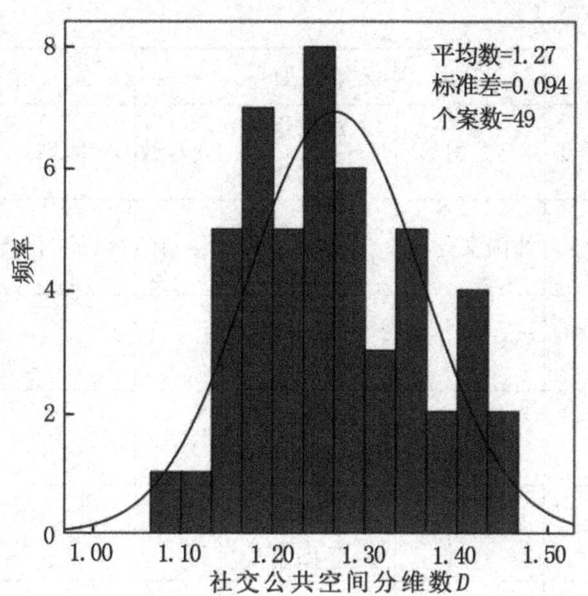

图 3-31　贵阳城建筑遗产空间单元的室外人行活动空间分维数正态分布曲线拟合

表 3-32　贵阳城各类建筑遗产空间单元的室外人行活动空间斑块分维类型及数据统计表

低分维类型			中分维类型			高分维类型		
类别	建筑遗产名称	分维数	类别	建筑遗产名称	分维数	类别	建筑遗产名称	分维数
融合文化类	棠荫亭	1.074	融合文化类	高张氏节孝坊	1.177	移民文化类	麒麟洞	1.384
外国文化类	戴蕴珊别墅	1.112	土著文化类	贵州民族文化宫	1.177	三线建设文化类	向阳机床厂旧址	1.396
移民文化类	黔明寺	1.137	融合文化类	君子亭	1.178	移民文化类	仙人洞	1.400
	刘氏支祠	1.153	三线建设文化类	乌江水泥厂旧址	1.188	移民文化类	东山寺	1.408
外国文化类	财经学院旧址	1.153	移民文化类	三元宫	1.193	移民文化类	弘福寺	1.423
	王伯群旧居	1.154	外国文化类	贵阳医学院	1.197	移民文化类	相宝山寺	1.425
	海关大楼主楼	1.158	外国文化类	虎峰别墅	1.207	移民文化类	观音洞	1.436

续表

低分维类型			中分维类型			高分维类型		
类别	建筑遗产名称	分维数	类别	建筑遗产名称	分维数	类别	建筑遗产名称	分维数
外国文化类	省博物馆旧址	1.169	外国文化类	毛光翔公馆	1.210	移民文化类	觉园禅院	1.447
			外国文化类	邮电大楼	1.217			
			外国文化类	贵州省冶金厅旧址	1.222			
			外国文化类	解放路小学旧址	1.231			
			融合文化类	扶风寺、阳明祠、尹道珍祠	1.234			
			融合文化类	贾顾氏节孝坊	1.243			
			三线建设文化类	电池厂旧址	1.251			
			外国文化类	清真寺	1.252			
			外国文化类	贵阳师范学院	1.253			
			融合文化类	地母洞	1.256			
			移民文化类	文昌阁	1.262			
			外国文化类	金桥饭店	1.264			
			外国文化类	贵州医科大学第一住院部前楼	1.276			
			移民文化类	甲秀楼、涵碧亭、翠微园	1.277			

续表

低分维类型			中分维类型			高分维类型		
类别	建筑遗产名称	分维数	类别	建筑遗产名称	分维数	类别	建筑遗产名称	分维数
			外国文化类	鹿冲关修道院	1.278			
			外国文化类	省政法大楼旧址	1.284			
			移民文化类	高家花园	1.287			
			外国文化类	贵阳北天主教堂	1.297			
			移民文化类	刘统之先生祠	1.303			
			移民文化类	贵州银行旧址	1.326			
			三线建设文化类	黔灵印刷厂旧址	1.329			
			土著文化类	达德学校旧址	1.343			
			外国文化类	贵阳基督教堂	1.358			
			外国文化类	民国英式别墅	1.360			
			移民文化类	大觉精舍	1.361			
			移民文化类	观风台	1.363			

表 3-33　贵阳城各类建筑遗产空间单元的室外人行活动空间斑块分维类型的数量统计表

结构形态		土著文化类	融合文化类	移民文化类	外国文化类	三线建设文化类
一级指标	类型指标					
室外人行活动空间斑块分维数	低分维	0	1	2	5	0
	中分维	2	5	8	15	3
	高分维	0	0	7	0	1

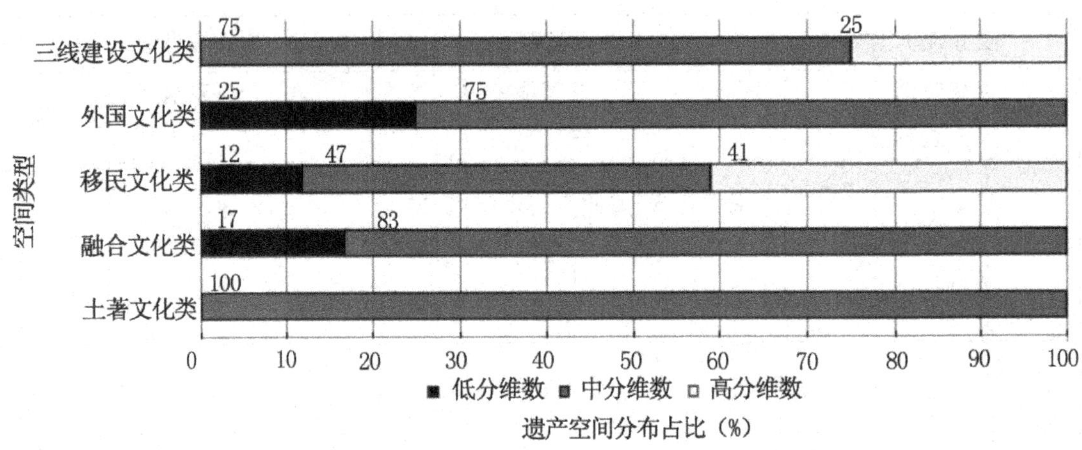

图 3-34　贵阳城各类空间单元的室外人行活动空间分维数类型数量分布百分比堆积条形图

如表 3-32、表 3-33、图 3-34 所示，从整体来看，贵阳城建筑遗产空间的室外人行活动空间分维数值大部分属于中分维类型（共 33 处，占 67%），少部分属于低分维类型（共 8 处，占 16%），少部分属于高分维类型（共 8 处，占 16%）。

从各类建筑遗产空间的室外人行活动空间来看，土著文化类建筑遗产分维数值在 1.177—1.343，均属于中分维类型；融合文化类建筑遗产分维数值在 1.074—1.256，属于低、中分维类型（83%的空间位于中分维数区间）；移民文化类建筑遗产分维数值在 1.137—1.447，横跨低、中、高三个区间，主要属于中、高分维类型（其中 47%的空间属于中分维类型，41%的空间属于高分维类型）；外国文化类建筑遗产分维数值在 1.112—1.360，属于中、低分维类型（75%的空间位于中分维数区间）；三线建设文化类建筑遗产分维数值在 1.188—1.396，属于中、高分维类型（75%的空间位于中分维数区间）。

具体到空间单元而言，室外人行活动空间分维数值最低的三处为棠荫亭、戴蕴珊别墅和黔明寺，室外人行活动空间分维数数值最高的三处为相宝山寺、观音洞和觉园禅院。

2. 室外人行活动空间分维数类型多样性指标

以上分析了各类建筑遗产空间单元具体的室外人行活动空间分维类型，而各类建筑遗产空间单元群体整体上呈现的空间分维类型多样性，可进一步通过多样性指标数据来认识（表 3-35）。

表 3-35　贵阳城各类建筑遗产空间单元的室外人行活动空间分维类型多样性指标表

分类	类型多度	结构形态的室外人行活动空间分维类型 / 多度向量	类型丰度	香浓指数 H	辛普森指数 D	均匀度指数 J_{Si}
土著文化类	2	(中 F) / (2)	1	0.3100	0.9669	—
融合文化类	6	(低 F,中 F) / (1,5)	2	0.4506	0.9584	1.9168
移民文化类	17	(低 F,中 F,高 F) / (2,8,7)	3	0.5316	0.9822	1.4733
外国文化类	20	(低 F,中 F) / (5,15)	2	0.4645	0.9677	1.9354
三线建设文化类	4	(中 F,高 F) / (3,1)	2	0.5186	0.9490	1.8980

多样性指标数据结果表明:各类建筑遗产空间单元的室外人行活动空间分维数类型丰度方面,移民文化类最多,有 3 种,土著文化类最少,只有 1 种。多度方面,各类的空间分维数类型多度的个数与该类建筑遗产空间单元数一致。多度向量数据显示,移民文化类有低、中、高分维三种类型,中、高分维类型的多度较大,分别为 8 个、7 个;外国文化类的低分维、中分维类型多度都最大,分别为 5 个、15 个。多样性指数方面,移民文化类的香浓指数最高(0.5316),土著文化类的最低(0.3100),各类的辛普森指数均高,差距不大。多度分布均匀度方面,移民文化类数据最低(1.4733),融合文化类、外国文化类、三线建设文化类数据均高,且差距甚小。

结合以上类型及多样性指标数据分析可知,外国文化类的室外人行活动空间低分维类型数量最多(5 个),这些空间单元的室外人行活动空间斑块较简洁、完整,有利于组织社交活动,更易营造良好的公共社交氛围。土著文化类空间单元的室外人行活动空间属于中分维类型(2 个),移民文化类与三线建设文化类空间单元的室外人行活动空间也大多属于中分维类型(分别为 8 个、3 个),该类室外人行活动空间斑块复杂程度一般,具有一定的社交氛围。而移民文化类空间单元中有 7 个室外人行活动空间属于高分维类型,高分维类型空间斑块复杂程度较高,空间较破碎,令其整体互动性高的公共社交活动较难产生,塑造良好公共社交氛围的难度较大,应在今后的保护工作中予以重视;具体到空间单元,特别应加强对相宝山寺、观音洞和觉园禅院社交空间的塑造,可通过调整周边建筑走向或适当增加可活动室外面积等方式规整室外人行活动空间面积,以此增强建筑遗产城市空间的社交性。

(三)结构形态多样性特征小结

1. 土著文化类

建筑遗产空间缺少林地斑块,可创造条件增加此空间斑块类型。其空间单元、建筑斑块、车行交通斑块、绿地斑块和室外人行活动斑块面积均较大,具有较强的空间可塑性、可识别性、观赏性和可社交性,具有较强的空间塑造潜力,可考虑在今后的保护建设工作中予以重点关注,将其塑造成为重要城市文化展示与交流空间名片。其空间单元的保护利用实践开展时序策略可参考面积变异数据拟定。其室外人行空间属于中分维类型,社交氛围塑造难度不大。

2. 融合文化类

建筑遗产空间缺少水域斑块,可创造条件增加此空间斑块类型。建筑遗产空间单元中的林地斑块、庭院斑块的面积均较大,具有较好的绿化景观,这类斑块空间支持一些半私密社交性活动,空间特色塑造优势突出,但因其建筑遗产空间单元和建筑面积均较小,空间可塑性与遗产可识别性不高,因此在今后的保护建设工作中可通过调整周边建筑走向、强化相应指引标识等方式增强其空间单元体量以及可识别性,也可通过塑造景观小品、增加半私密活动等方式充分发挥其观赏性与可社交性上的空间塑造优势。其空间单元的保护利用实践开展时序策略可参考面积变异数据拟定。其室外人行空间大多属于中分维类型,社交氛围塑造难度不大。

3. 移民文化类

建筑遗产空间单元的斑块类型丰富。建筑遗产空间单元、林地斑块、水域斑块和庭院斑块面积均较大,具有较好的空间可塑性、景观观赏性和可社交性,但其室外人行活动空间面积较小,室外活动性较差,因此在今后的保护建设工作中可适当对室外人行活动空间进行扩张,以增强公共社交性,同时应充分发挥其景观多样的优势，着重其林地、绿地和水域的特色景观塑造。其空间单元的保护利用实践开展时序策略可参考面积变异数据拟定。其室外人行空间大多属于中、高分维类型，中分维类型社交氛围塑造难度不大，但高分维类型社交氛围塑造难度大。

4. 外国文化类

建筑遗产空间单元的斑块类型丰富。建筑遗产空间单元、车行交通斑块、绿地斑块和室外人行空间斑块面积均较大，其余斑块面积适中，因此该类建筑遗产空间的可识别性、景观观赏性和可社交性较好；同时该类遗产空间靠近城市干道，位于城市主要展示界面，因此应着重其外立面的塑造，将其打造成城市重要展示空间。其空间单元的保护利用实践开展时序策略可参考面积变异数据拟定。其室外人行空间属于低、中分维类型，社交氛围塑造难度不大。

5. 三线建设文化类

建筑遗产空间缺少林地、绿地、水域、庭院这 4 类斑块，可创造条件增加这些空间斑块类型。除室外人行空间斑块面积较大外，其余类型斑块面积均较小，该类空间存在空间可塑性、可识别性、景观观赏性较差的问题，在今后的保护建设工作中应予以重点改善，同时应充分发挥其社交空间面积大的优势，通过增加互动式景观小品或文化活动等方式增加此类空间的多样性体验。该类空间单元的保护利用实践开展时序策略可参考面积变异数据拟定。其室外人行空间大多属中分维类型，社交氛围塑造难度不大。

第四节　本章小结

本章识别划定出贵阳城建筑遗产空间单元 49 处。从文化线路关注的多样性、融合性角度，借鉴应用生态学多样性指标、创新建构基于多度向量的共性与差异性特征研究方法，对 49 处建筑遗产空间单元进行了建筑形态、边界形态、结构形态及其多样性与融合性的研究。主要结论汇总如下：

截至 2021 年，贵阳城内现存土著文化类建筑遗产空间 2 处，移民文化类建筑遗产空间 17 处（甲秀楼、涵碧亭和翠微阁在同一建筑遗产空间内），融合文化类建筑遗产空间 6 处（扶风寺、阳明祠和尹道真祠在同一建筑遗产空间内），外国文化类建筑遗产空间 20 处，三线建设文化类建筑遗产空间 4 处，共计 49 处。

贵阳城各类建筑遗产空间单元的形态特征汇总如表 3-36 所示。

表 3-36　贵阳城各类建筑遗产空间单元的形态特征汇总

空间类别	指标			建筑遗产空间形态特征
土著文化类	建筑形态	平面布局形式	建筑布局形式	丰度最少，有单体式及合院式；自由合院式布局为主
		立面形式	屋顶形式	硬山顶和歇山顶为主
			屋身形式	木质结构柱廊为主
			台基形式	普通的砖石结构台基为主，等级较高的建筑有较高级台基
			特殊立面造型	牌坊式山墙
		局部装饰	装饰材料	泥灰、木雕和石雕材料为主
			装饰图案	几何和花草图案居多，特别地存在石刻开支账目和贵州 19 个少数民族传统节目的浮雕图案
			装饰部位	常见于门窗、墙面、栏杆、柱身、斜撑、垂花柱、雀替、挂落、额枋、宝顶和屋脊，最常装饰的 3 个部位是门窗、柱础和垂花柱
		材质与色彩	屋面材质	泥灰和瓦片材质为主
			墙体材质	木材、石和砖为主
			建筑色彩	白、灰、蓝色作为建筑主色调，红、黄色为辅助色
		建筑层数	—	1—24 层，层数极差大，既有 1—2 层传统古建筑，也有 24 层现代建筑
	边界形态	边界形状指数		有（中 *S*-低 *W*，中 *S*-中 *W*）2 种类型，多度（1，1）；空间边界形态指数适中，边界密实度值偏低；空间开阔度较高
		边界密实度		
	结构形态	空间斑块类型		存有建筑遗产、车行交通、绿地、水域、庭院和室外人行活动空间 6 种斑块类型，缺少林地斑块；丰富度和均匀度均较高，空间多样性较高
		空间斑块类型面积		建筑遗产空间、建筑遗产、车行交通、绿地和室外人行活动斑块的面积较大，空间的可塑性、可识别性、观赏性和社交性较高
		室外人行活动空间斑块分维数		属中分维类型，较易塑造室外社交空间

续表

空间类别	指标			建筑遗产空间形态特征
融合文化类	建筑形态	平面布局形式	建筑布局形式	丰度最少，有单体式及合院式。单体式为主（多为亭、牌坊和石窟寺建筑），建筑组群则以传统四合院式布局为主
		立面形式	屋顶形式	硬山顶、悬山顶和攒尖顶为主，等级较高的建筑为歇山顶
			屋身形式	石木结构柱廊为主，多存在内外回廊
			台基形式	砖石结构普通台基为主
			特殊立面造型	无
		局部装饰	装饰材料	石雕、木雕和泥灰材料为主
			装饰图案	花草、几何和文字图案居多，特别地存在宝瓶和乐器图案
			装饰部位	最常见装饰于挂落、栏杆、柱础、雀替；也见装饰于门窗、墙面、额枋、斜撑、垂花柱、柱身、宝顶和屋脊
		材质与色彩	屋面材质	瓦片、泥灰和石为主
			墙体材质	石和木材为主
			建筑色彩	灰和红色为建筑主色调，白和黄色为辅助色
		建筑层数	—	1—2 层，层数极差小，高度控制较好，均为传统古建筑风格
	边界形态	边界形状指数		有（低 S-中 W，低 S-高 W，中 S-低 W，中 S-中 W，中 S-高 W）5 种类型，多度（1，1，1，2，1）；空间开阔度较好
		边界密实度		
	结构形态	空间斑块类型		存有建筑遗产、车行交通、林地、绿地、庭院和室外人行活动空间 6 种斑块类型，缺少水域斑块；丰富度较高但均匀度较低，空间多样性适中
		空间斑块类型面积		林地和庭院斑块面积较大，观赏性、半私密性、社交性较好；建筑遗产空间和建筑的面积较小，空间可塑性与遗产可识别性偏低
		室外人行活动空间斑块分维数		有（低 F，中 F）2 种类型，多度（1，5）；室外人行活动空间斑块复杂程度偏低，较易塑造室外社交空间

续表

<table>
<tr><th>空间类别</th><th colspan="3">指标</th><th>建筑遗产空间形态特征</th></tr>
<tr><td rowspan="17">移民文化类</td><td rowspan="12">建筑形态</td><td>平面布局形式</td><td>建筑布局形式</td><td>形式丰度最多,有 6 种;传统合院式和自由围合式布局为主</td></tr>
<tr><td rowspan="4">立面形式</td><td>屋顶形式</td><td>歇山顶和硬山顶为主,等级较高的建筑为庑殿顶、歇山顶和攒尖顶,新修建筑为披檐平屋顶</td></tr>
<tr><td>屋身形式</td><td>石木结构柱廊为主,多存在内外回廊</td></tr>
<tr><td>台基形式</td><td>普通的砖石结构台基居多</td></tr>
<tr><td>特殊立面造型</td><td>牌坊式山墙、牌坊式山门</td></tr>
<tr><td rowspan="3">局部装饰</td><td>装饰材料</td><td>木雕和石雕材料为主</td></tr>
<tr><td>装饰图案</td><td>几何、花草和神兽图案居多,特别地存在宝瓶图案</td></tr>
<tr><td>装饰部位</td><td>常见于门窗、墙面、栏杆、柱身、柱身、斜撑、垂花柱、雀替、挂落、额枋、翘角、宝顶和屋脊,最常装饰的 3 个部位是门窗、柱础和屋脊</td></tr>
<tr><td rowspan="3">材质与色彩</td><td>屋面材质</td><td>瓦片、琉璃和泥灰为主</td></tr>
<tr><td>墙体材质</td><td>颜料墙、石墙为主</td></tr>
<tr><td>建筑色彩</td><td>色彩丰富,常以红、灰、黄、绿和黑色作为建筑主色调,白色和黑色作为辅助配色</td></tr>
<tr><td>建筑层数</td><td>—</td><td>1—5 层,层数极差较小,有部分现代仿古建筑,但均为低层建筑</td></tr>
<tr><td rowspan="2">边界形态</td><td colspan="2">边界形状指数</td><td rowspan="2">有(低 S-中 W,低 S-高 W,中 S-低 W,中 S-中 W)4 种类型,多度(4,1,3,9);空间开阔度适中</td></tr>
<tr><td colspan="2">边界密实度</td></tr>
<tr><td rowspan="3">结构形态</td><td colspan="2">空间斑块类型</td><td>存在建筑遗产、车行交通、绿地、水域、庭院和室外人行活动空间 6 种斑块类型,丰富度较低,均匀度较高,空间多样性适中</td></tr>
<tr><td colspan="2">空间斑块类型面积</td><td>建筑遗产空间单元、林地、水域和庭院的斑块面积较大,但室外人行活动空间面积较小,室外活动性较差</td></tr>
<tr><td colspan="2">室外人行活动空间斑块分维数</td><td>有(低 F,中 F,高 F)3 种类型,多度(2,8,7);室外人行活动空间斑块复杂程度偏高,社交空间塑造有一定难度</td></tr>
</table>

续表

空间类别	指标			建筑遗产空间形态特征
外国文化类	建筑形态	平面布局形式	建筑布局形式	形式丰度最多，有 6 种；常见单体建筑布局，建筑组群出现 U 型和轴线式布局
		立面形式	屋顶形式	常见中式歇山、硬山屋顶形式，还有平屋顶、欧式坡屋顶和穹隆顶，具有中西合璧式风貌，主要以歇山顶和平屋顶为主
			屋身形式	砖石结构柱廊屋身、无廊屋身为主，多形成外回廊，回廊多设拱券造型
			台基形式	97％的建筑无台基，少部分存在入口阶梯
			特殊立面造型	牌坊式山墙、牌坊式山门、老虎窗和其他（“邦克楼”原柱、十字架、台灯、烟囱等）
		局部装饰	装饰材料	泥灰和石雕材料居多，既有中国古建筑常见的木雕、石雕、琉璃和泥灰雕刻材料，也有外国建筑独特的彩绘和彩窗装饰
			装饰图案	几何图案居多，特别地存在白菜、月亮和钟表图案
			装饰部位	常见于门窗、墙面、栏杆、柱身、柱础、翘角、宝顶和屋脊，最常见于 3 个部位：门窗、墙面和栏杆
		材质与色彩	屋面材质	瓦片、水泥和砖为主
			墙体材质	混凝土、砖和钢型材为主
			建筑色彩	色彩丰富，无固定色调，白、灰、红、蓝、黄和绿色均可为主色调，常用的 3 种颜色是红、灰和白色
		建筑层数	—	1—16 层，层数极差较大，平均层数为 4 层
	边界形态	边界形状指数		有（中 S-低 W，中 S-中 W，中 S-高 W，高 S-中 W）4 种类型，多度（2，8，2，8），空间边界形态指数偏高，边界密实度适中；空间开阔度较差
		边界密实度		
	结构形态	空间斑块类型		有建筑遗产、车行交通、林地、绿地、水域、庭院和室外人行活动空间 7 种斑块类型，斑块类型丰富；空间多样性较好
		空间斑块类型面积		其建筑遗产、车行交通、绿地和室外人行空间斑块面积较大，空间可识别性、景观观赏性和可社交性较高
		室外人行活动空间斑块分维数		有（低 F，中 F）2 种类型，多度（5，15）；室外人行活动空间斑块复杂程度中偏低，社交空间塑造难度较小

续表

<table>
<tr><th>空间类别</th><th colspan="3">指标</th><th>建筑遗产空间形态特征</th></tr>
<tr><td rowspan="17">三线建设文化类</td><td rowspan="12">建筑形态</td><td>平面布局形式</td><td>建筑布局形式</td><td>形式丰度为 4，具体为(D,L,U,FCy)</td></tr>
<tr><td rowspan="4">立面形式</td><td>屋顶形式</td><td>硬山顶和平屋顶为主</td></tr>
<tr><td>屋身形式</td><td>无廊</td></tr>
<tr><td>台基形式</td><td>无台基</td></tr>
<tr><td>特殊立面造型</td><td>无</td></tr>
<tr><td rowspan="3">局部装饰</td><td>装饰材料</td><td>无</td></tr>
<tr><td>装饰图案</td><td>无</td></tr>
<tr><td>装饰部位</td><td>无</td></tr>
<tr><td rowspan="3">材质与色彩</td><td>屋面材质</td><td>瓦屋面为主</td></tr>
<tr><td>墙体材质</td><td>钢型材、砖、石和混凝土现代材质为主</td></tr>
<tr><td>建筑色彩</td><td>灰、白和红色为主色调，蓝和黄色为辅助色</td></tr>
<tr><td>建筑层数</td><td>—</td><td>1—10 层，层数极差较大，既有 1—2 层的工业用房，也有层数较高的办公和生活用房，建筑层数参差不齐</td></tr>
<tr><td rowspan="2">边界形态</td><td colspan="2">边界形状指数</td><td rowspan="2">有(中 S-中 W，中 S-高 W，高 S-高 W)3 种类型，多度(1,2,1)，空间边界形态指数中偏高，边界密实度高；空间开阔度不好</td></tr>
<tr><td colspan="2">边界密实度</td></tr>
<tr><td rowspan="3">结构形态</td><td colspan="2">空间斑块类型</td><td>存在建筑遗产、车行交通和室外人行活动空间 3 种斑块类型，缺少林地、绿地、水域、庭院 4 种斑块，类型丰富度和多度均匀度均较低，空间多样性较低</td></tr>
<tr><td colspan="2">空间斑块类型面积</td><td>除室外人行空间斑块面积较大外，其余类型斑块面积较小，空间可塑性、可识别性、景观可观赏性较差</td></tr>
<tr><td colspan="2">室外人行活动空间斑块分维数</td><td>有(中 F，高 F)2 种类型，多度(3,1)；室外人行活动空间斑块复杂程度中偏高，社交空间的塑造有一定难度</td></tr>
</table>

贵阳城各类建筑遗产空间单元的遗产建筑形态多样性特征汇总如表 3-37 所示。

表 3-37　贵阳城各类建筑遗产空间单元的建筑形态多样性特征汇总

空间类别	指标		多样性特征
土著文化类	建筑形态	平面布局形式	形式丰度最少，仅 2 种，即单体式及合院式布局
		立面形式	形式多度较小，有 37 个；常见立面形式为硬山屋顶、柱廊式屋身、普通台基、牌坊式山墙造型，门廊式屋身类型也见选用，较为特有的是较高等级建筑具有较高级台基形式
		局部装饰	常见局部装饰类型为泥灰雕刻、几何图案、门窗部位装饰等；有自己特殊的其他装饰图案
		材质与色彩	常见的材质与色彩类型为泥灰屋面、瓦屋面、木材墙体、白色与灰色建筑色彩等
		建筑层数	建筑层数极差较大，既有 1—2 层的传统古建筑，也有 24 层的现代建筑，具有成为标志建筑的潜力
融合文化类	建筑形态	平面布局形式	建筑布局形式丰度最少，仅 2 种，即单体式及围合式布局
		立面形式	立面形式辛普森指数最高（0.8711）；常见硬山屋顶、柱廊式屋身、普通台基等
		局部装饰	常见局部装饰为石雕、花草图案、挂落装饰等；有自己特殊的其他装饰图案
		材质与色彩	材质与色彩类型丰度最少，仅 13 种；常见的类型为瓦屋面、石材墙身、灰色建筑色彩等
		建筑层数	此类建筑遗产的高度控制较好，层数极差最小，具有较强的群体性，均为传统古建筑风格

续表

<table>
<tr><th>空间类别</th><th colspan="2">指标</th><th>多样性特征</th></tr>
<tr><td rowspan="5">移民文化类</td><td rowspan="5">建筑形态</td><td>平面布局形式</td><td>平面布局形式最多,有 6 种;常见的布局形式为围合式(Cy、FCy),香浓指数及辛普森指数均最高(分别为 1.5709、0.7590),混合式布局是其特有布局形式</td></tr>
<tr><td>立面形式</td><td>立面形式丰度较多(21 种),多度值最大(510 个),香浓指数最高(2.3233);常见歇山屋顶、柱廊式屋身、普通台基等;特有的立面形式为披檐平屋顶、庑殿顶、檐廊;也有自己的其他立面造型</td></tr>
<tr><td>局部装饰</td><td>局部装饰类型丰度最多,有 24 种,多度达到 1904 个,常见局部装饰类型为木雕、几何图案、门窗部位装饰等,有自己的其他装饰图案</td></tr>
<tr><td>材质与色彩</td><td>材质与色彩类型多度最高,有 1366 个;常见的类型有瓦屋面、颜料墙体、红色建筑色彩等;黑色是其特有的建筑色彩类型</td></tr>
<tr><td>建筑层数</td><td>虽然此类建筑形态的多样性较为突出,但总体仍为中国传统古建筑风格,伴随着创新与传承,也存在现代化仿古风格建筑,整体风格协调,层数极差较小,现代仿古建筑也均为低层建筑,与古建筑一起形成较好的古建筑风貌,具有较好的群体性</td></tr>
<tr><td rowspan="5">外国文化类</td><td rowspan="5">建筑形态</td><td>平面布局形式</td><td>平面布局形式最多,有 6 种;常见的布局形式为单体建筑式,轴线式布局是其特有布局</td></tr>
<tr><td>立面形式</td><td>立面形式丰度较多(18 种);常见歇山屋顶、柱廊式屋身、无台基、老虎窗造型等;特有的立面形式为欧式坡屋顶、穹隆顶、挑檐屋身、悬挑阳台屋身、老虎窗造型;也有自己的其他立面造型</td></tr>
<tr><td>局部装饰</td><td>常见局部装饰类型为泥灰雕刻、几何图案、门窗部位装饰等;彩窗是特有的局部装饰类型,有自己的其他装饰图案,如白菜、月亮和钟表图案</td></tr>
<tr><td>材质与色彩</td><td>材质与色彩类型丰度最多,有 22 种,香浓指数最高(2.7431);常见的类型为瓦屋面、混凝土墙体、红色建筑色彩等;瓷砖屋面、玻璃屋面是其特有的材质类型</td></tr>
<tr><td>建筑层数</td><td>该类建筑遗产形态,总体风格多变,极具中西合璧风貌,层数极差较大,平均层数为 4 层,多隐于市内其他建筑中,也有层数较高者,具地标性特点</td></tr>
</table>

续表

空间类别	指标		多样性特征
三线建设文化类	建筑形态	平面布局形式	建筑平面布局形式丰度适中，有4种类型(D,L,U,FCy)
		立面形式	立面形式丰富最少(6种)，多度最小(36个)，香浓指数及辛普森指数均最低(分别为1.3787、0.7763)；常见硬山屋顶、无廊式屋身、无台基等
		局部装饰	因无局部装饰，所以没有局部装饰方面的相关数据
		材质与色彩	材质与色彩类型丰度最少，仅13种，类型多度最小，仅67个；常见的类型为瓦屋面、钢型材墙体、红色建筑色彩等
		建筑层数	层数极差较大，既有1—2层的工业用房，也有层数较高的办公和生活用房，建筑层数参差不齐，城市界面轮廓较多变，有一定的标志性

贵阳城各类建筑遗产空间单元的遗产建筑形态融合性特征汇总如表3-38所示。

表3-38　贵阳城各类建筑遗产空间单元的建筑形态融合性特征汇总

—	融合性特征	体现融合性特征的建筑遗产类型
平面布局形式	单体建筑布局形式围合布局形式	是所有类的共性平面布局形式
立面形式	歇山顶、硬山顶、柱廊屋身、无台基引入式	是所有类建筑遗产的建筑立面共性形式
	较高级台基	是土著文化类、移民文化类建筑遗产的共性形式
	门廊式屋身、牌坊式山墙	是土著文化类、移民文化类、外国文化类建筑遗产的共性形式
	卷棚屋顶、亭式建筑	是融合文化类、移民文化类建筑遗产的共性形式
	牌坊式大门	是移民文化类、外国文化类建筑遗产的共性形式

续表

一	融合性特征	体现融合性特征的建筑遗产类型
局部装饰	木雕、石雕、琉璃、泥灰雕刻、花草图案、神兽图案、几何图案	是所有类建筑遗产的建筑局部装饰共性类型
	斜撑、垂花柱、雀替、挂落、额枋	是土著文化类、融合文化类、移民文化类建筑遗产的共性类型
	彩绘、文字图案、栏杆装饰、柱身装饰	是融合文化类、移民文化类、外国文化类建筑遗产的共性类型
	人物图案	是融合文化类、移民文化类建筑遗产的独有共性类型
	翘角部位装饰	是移民文化类、外国文化类建筑遗产的独有共性类型
		融合文化类建筑遗产共 23 种类型全被包含在移民文化类的 24 种类型中,移民文化类多出的一种类型为翘角部位装饰
材质与色彩	瓦屋面、砖墙体、石材墙体、混凝土墙体、白色建筑色彩、灰色建筑色彩、红色建筑色彩、黄色建筑色彩	是所有类建筑遗产的建筑材质与色彩共性类型
	钢型材屋面	是土著文化类、外国文化类建筑遗产特有的共性类型
	土墙	是融合文化类、移民文化类建筑遗产特有的共性类型
	绿色建筑色彩	是移民文化类、外国文化类建筑遗产特有的共性类型
	瓦屋面、砖屋面、石屋面、水泥屋面、泥灰屋面、琉璃屋面、砖墙、石墙、混凝土墙体、颜料墙、白色、灰色、红色、黄色、蓝色、绿色	移民文化类与外国文化类建筑遗产的材质与色彩融合性特征最为明显,有 16 种共性类型

第四章

贵阳城建筑遗产空间分布形态多样性研究

第一节　研究方法

本章借鉴生态学对物种立地环境多样性进行研究的视角，讨论贵阳城建筑遗产空间分布形态多样性。将地理空间、城市空间作为立地环境，研究各类建筑遗产空间的地理空间分布形态多样类型、城市街巷空间分布形态多样类型。

一、立地环境中的建筑遗产空间分布形态特征解析技术

本研究基于建筑遗产空间两方面的立地环境展开分布形态特征研究：一是地理空间的立地环境，引入三角剖分网络特征分析法，解析各类建筑遗产空间的地理空间分布形态类型；二是城市空间的立地环境，引入街巷空间拓扑网络特征分析法，解析各类建筑遗产空间的城市空间分布形态类型。

（一）三角剖分网络特征分析（Delaunay 三角剖分）

Delaunay 三角剖分是对点集进行的一种三角剖分算法，具有唯一性、数据结构简单等优点。将城市中的各类建筑遗产空间单元抽象为形心的一个点，构成 Delaunay 三角网，进而可基于该三角网分析各类建筑遗产空间的空间组构关系[85]。假设空间内有 N 个单元节点，通过 Delaunay 三角剖分算法形成的单元节点三角剖分网络图有 W 条网络线，所有网络线总长为 Dall，那么平均节点距离为 Dave＝Dall/W。平均节点距离 Dave 反映建筑遗产空间分布的离散程度即互通程度，Dave 的数值越大，分布越离散，说明互通程度越低；Dave 的数值越

小,分布越紧密,说明互通程度越高。

(二)街巷空间拓扑网络特征分析(空间句法)

空间句法是英国学者比尔·希利尔于20世纪70年代提出的用于描述和分析空间关系的数学方法[86],其原理是对抽象化的实体空间进行尺度划分和空间分割,以数学拓扑关系来分析和阐述空间之间的关系[87];其中整合度表示空间系统中节点与节点之间的集聚离散程度,整合度越高,则空间可达性越强,反之则弱。其中,整合度又分为局部整合度和全局整合度,局部整合度体现的是一定范围内的空间系统节点集聚离散程度,全局整合度代表整个研究范围内的空间系统节点集聚离散程度[88]。

比尔·希利尔曾在《空间是机器》一书中提出"符号轴线"的概念,指出"如果观察者在空间中沿着面向建筑立面的对称轴线移动,并且尽可能延长这个与建筑呈直角的空间轴线,那么建筑的符号特征将会更加深入人心"。简言之,将建筑当作符号,人们最大可能较好观察到建筑物的道路(街巷空间)轴线即符号轴线。"符号轴线"概念的提出将建筑物与整体城市空间结构相联系,借助对符号轴线相关指标的分析可总结出建筑物在城市空间中的位置优劣势。引入整合度的概念,符号轴线的整合度越高,则说明该轴线在城市中的影响力越大,也代表符号轴线对应建筑物的吸引力越大,越具有空间位置优势[86]。其中,全局整合度体现城市活动范围内的空间吸引力,局部整合度体现一定范围内的空间吸引力。

二、建筑遗产空间分布形态特征指标

贵阳城各类建筑遗产空间分布形态的研究包含两部分内容,一是基于地理空间的三角剖分网络形态分析法,分析各类建筑遗产空间分布的互通性;二是基于城市空间的街巷句法网络形态分析法,分析各类建筑遗产空间分布的空间吸引力。因此,拟定各类建筑遗产空间的立地环境分布形态特征指标如表4-1所示。

表 4-1　城市各类建筑遗产空间的分布形态特征指标表

目标层	要素层	特征指标		
		一级指标	二级指标	类型指标[①]
各类建筑遗产空间分布形态	地理空间分布形态	三角剖分网络特征	平均节点距离(Dave)	低互通、中互通、高互通
	城市空间分布形态	街巷句法网络特征	全局整合度(G)	低Gx-低Lx、低Gx-中Lx、低Gx-高Lx 中Gx-低Lx、中Gx-中Lx、中Gx-高Lx 高Gx-低Lx、高Gx-中Lx、高Gx-高Lx
			局部整合度(L)	

注：①类型代码：全局吸引力(Gx)、局部吸引力(Lx)。

三、建筑遗产空间分布形态类型多样性指标

(一)分布形态特征类型丰度

分布形态特征类型丰度是指占表 4-1 中类型指标类型的多少。若占有 n 个类型，那么，丰度 $S=n$。

(二)分布形态特征类型多度

分布形态特征类型多度通过向量表示各种类型的个体数量。若分布形态特征类型丰度为 n，各特征类型的个体数量分别是 $a_1,\cdots,a_n$，那么分布形态特征类型多度向量可表示为：

$$A_{st}=(a_1,\cdots,a_n)$$

(三)香浓指数

$$H=-\sum_{i=1}^{S}P_i\ln P_i$$

(四)辛普森指数

$$D=1-\sum_{i=1}^{S}P_i^2$$

(五)均匀度指数

$$J_{Si}=D/(1-1/S)$$

以上公式中:S 表示分布形态特征类型丰度,P_i 表示第 i 个类型的个体数量占所有类型总个体数的比例。

第二节 贵阳城各类建筑遗产空间的分布形态与多样类型

一、地理空间分布形态与多样类型

Delaunay 三角剖分是对点集进行的一种三角剖分算法,它有最大化最小角和唯一性(任意四点不能共圆)两个特点。所以对城市平面而言,将建筑空间都消隐为点,那么该节点通过 Delaunay 三角剖分算法形成的网络在几何上也是唯一的,这反映了建筑空间分布的距离关系,是其网络组织形态的可视化体现。综上,结合贵阳城现存建筑遗产空间分布格局,可得到贵阳城不同文化类型的建筑遗产空间三角部分网络分布图(表 4-2)与数据(表 4-3)。

表 4-2 贵阳城各类建筑遗产空间的地理空间 Delaunay 三角剖分网络分布图表

—	土著文化类	融合文化类	移民文化类	外国文化类	三线建设文化类	全部类别
缓冲区示意	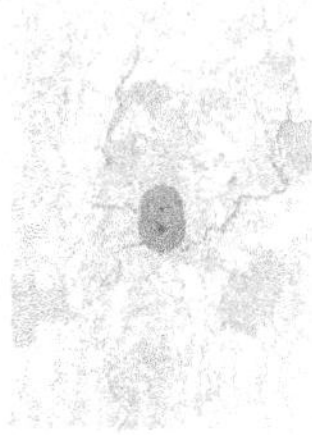	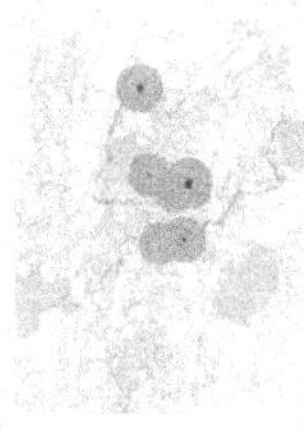	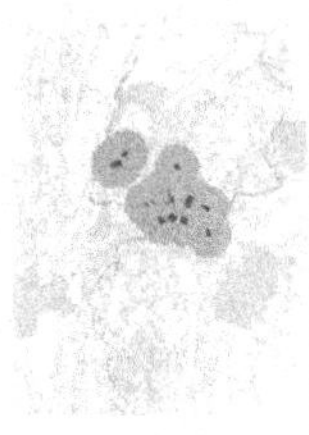	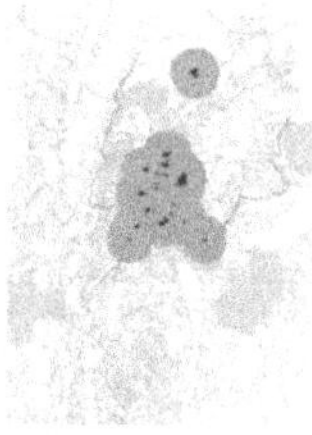	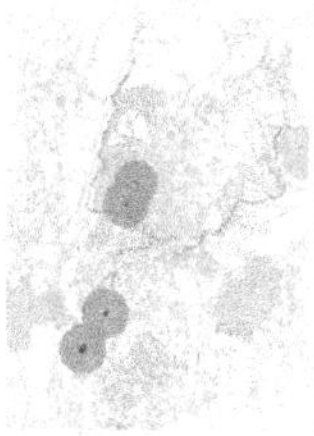	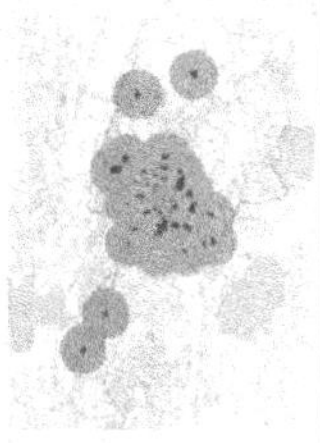
三角剖分网络分布			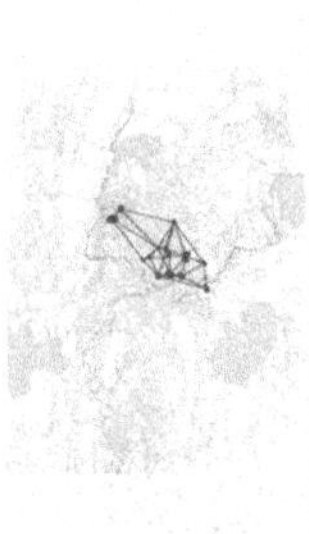		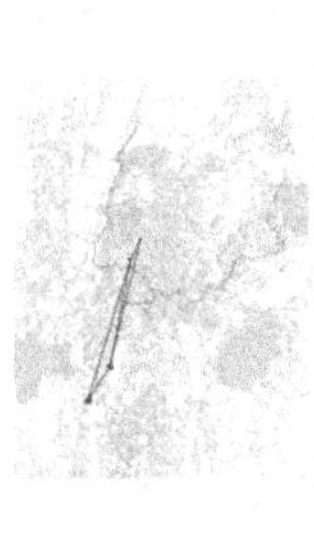	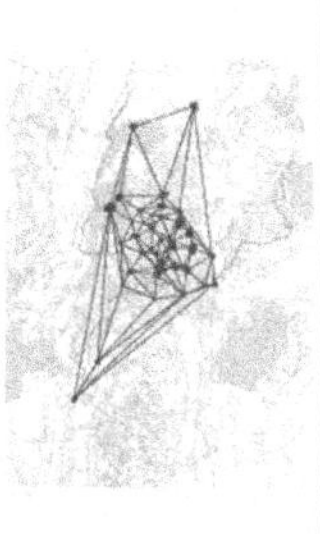

续表

—	土著文化类	融合文化类	移民文化类	外国文化类	三线建设文化类	全部类别
三角剖分网络图						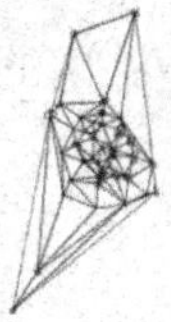

表 4-3　贵阳城各类建筑遗产空间的地理空间分布三角剖分网络形态特征值与类型

分类	节点数 N /个	网络连接线数量 W/条	网络连接线总长 Dall/m	平均节点距离 Dave/m	类型
土著文化类	2	1	1200	1200	高互通
融合文化类	6	10	49614	4961	中互通
移民文化类	17	43	83603	1944	高互通
外国文化类	20	53	141277	2666	中互通
三线建设文化类	4	5	40917	8183	低互通
全部类别	49	138	312544	2265	—

如表 4-3 所示，贵阳城整体建筑遗产平均节点距离特征值为 2265m，需要行人行 30 分钟或车行 5 分钟左右，距离适中，但分布较分散，有待进一步加强各节点间的联系。其中，土著文化类与移民文化类的建筑遗产空间 Dave 值分别为 1200m、1944m，小于贵阳城整体建筑遗产空间的 Dave 值，这两类建筑遗产空间的分布较为紧密，属于高互通类型；融合文化类和外国文化类建筑遗产空间 Dave 值均大于贵阳城整体建筑遗产空间的平均 Dave 值，但差距不大，分布不够紧密，属于中互通类型；三线建设文化类建筑遗产空间 Dave 值为 8183m，远大于

贵阳城整体建筑遗产空间的 Dave 值,分布分散,各建筑遗产点之间距离较远,属于低互通类型。

综上所述,贵阳城所有建筑遗产空间的地理空间分布三角剖分网络平均距离为 2265m,距离适中;土著文化类、移民文化类建筑遗产空间的地理空间分布形态属高互通类型;融合文化类、外国文化类建筑遗产空间的地理空间分布形态属中互通类型;三线文化类建筑遗产空间的地理空间分布形态属于低互通类型。

二、城市空间分布形态与多样类型

(一)各类建筑遗产空间的城市空间分布特点浅析

研究贵阳城现状街巷公共空间格局,绘制得到贵阳城街巷空间拓扑图,并应用 Depthmap 软件计算得到贵阳城街巷空间的全局整合度与局部整合度(图 4-1),基于此绘制各类建筑遗产空间的“符号轴线”整合度散点图(图 4-2),散点图以全局整合度为纵轴、局部整合度为横轴,点的纵坐标数值越大,代表该空间越具有老城区全局范围内的吸引力,横坐标数值越大,代表该空间越具有局部空间范围内的吸引力,而点的分布越靠右上角,代表该空间越同时具有老城区全局范围与局部范围内的吸引力,在城市公共空间网络中处于优势位置。

(a) 贵阳城街巷空间拓扑图

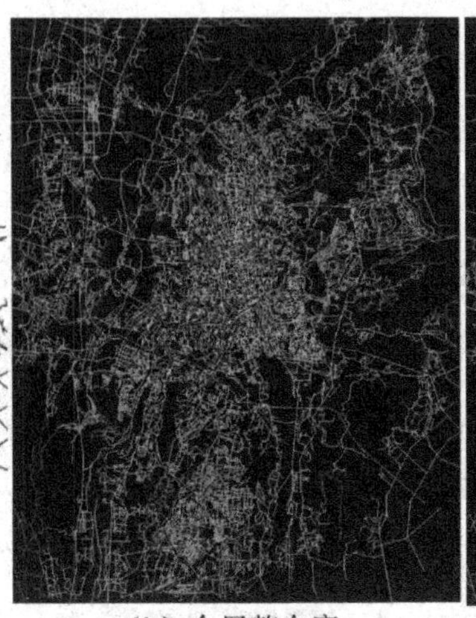
(b) 全局整合度

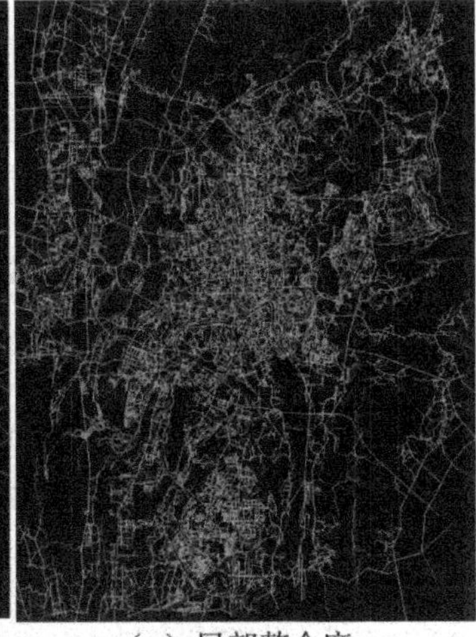
(c) 局部整合度

图 4-1　2021 年贵阳城城市空间轴线模型数据图

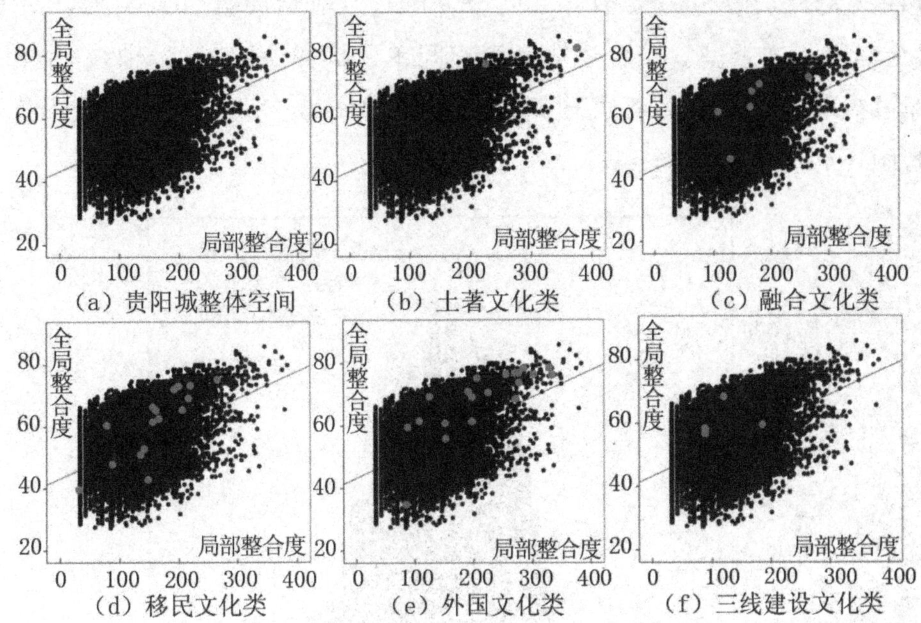

图 4-2　贵阳城各类建筑遗产空间的城市空间“符号轴线”整合度散点图

据图 4-2 大略可知，土著文化类建筑遗产空间的城市空间分布较集中在右上角高全局-高局部吸引力区域；融合文化类与三线建设文化类建筑遗产空间的城市空间分布较集中在高全局-低局部吸引区域；移民文化类与外国文化类建筑遗产空间的城市空间分布较分散，有的分布于高全局-高局部吸引力区，有的分布于低全局-低局部吸引力区。

为详细解析这些分布形态类型，以下研究首先对各类建筑遗产空间的城市空间分布街巷空间句法形态的全局整合度数据进行提取并划分类型，再对局部整合度数据进行提取并划分类型，最后整合二者数据综合分析各类建筑遗产空间的城市空间分布形态类型。

(二)各类建筑遗产空间的城市空间分布全局吸引力类型分析

1. 城市空间分布全局吸引力量化指标数据提取及类型划分

如图 4-3 所示，拟定贵阳城整体城市空间街巷句法网络全局整合度平均值为 μ，标准差为 σ，则 $\mu-\sigma=0.447$，$\mu+\sigma=0.647$，总体数值有近似 68%落在距离平均值一个标准差的范围内，根据正态分布的“68-95-99.7 法则”，该组数据满足近似于正态分布。因此，本文通过 $(\mu-\sigma)$ 与 $(\mu+\sigma)$ 两个数值将建筑遗产空间的城市空间分布全局街巷句法网络形态分为低、中、高全局吸引力类型，其中

0—0.447 为低全局吸引力类型，0.447—0.647 为中全局吸引力类型，0.647 以上为高全局吸引力类型。结合建筑遗产空间单元群体所在“符号轴线”整合度值提取，即可梳理得到贵阳城各类建筑遗产空间的城市空间分布全局吸引力类型（表 4-4、图 4-4）。

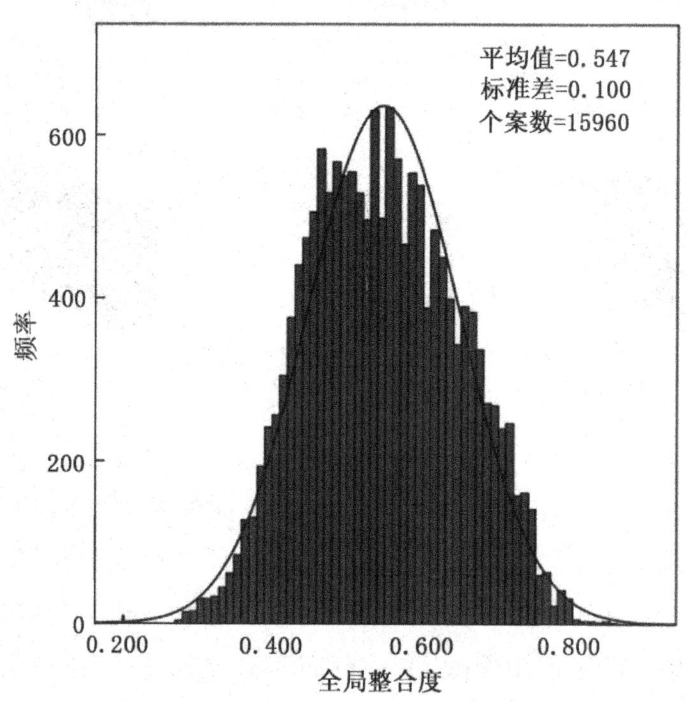

图 4-3 贵阳城城市空间分布全局整合度正态分布曲线拟合

表 4-4 贵阳城各类建筑遗产空间的城市空间分布全局整合度及吸引力类型划分

高全局吸引力类型			中全局吸引力类型			低全局吸引力类型		
空间类别	建筑遗产名称	全局整合度	空间类别	建筑遗产名称	全局整合度	空间类别	建筑遗产名称	全局整合度
土著文化类	民族文化宫	0.825	融合文化类	扶风寺、阳明祠、尹道珍祠	0.634	移民文化类	弘福寺	0.428
外国文化类	王伯群旧居	0.788	移民文化类	大觉精舍	0.622	移民文化类	仙人洞	0.392

续表

高全局吸引力类型			中全局吸引力类型			低全局吸引力类型		
空间类别	建筑遗产名称	全局整合度	空间类别	建筑遗产名称	全局整合度	空间类别	建筑遗产名称	全局整合度
外国文化类	邮电大楼	0.786	外国文化类	贵阳医学院	0.620	移民文化类	观音洞	0.392
	海关大楼主楼	0.771	外国文化类	毛光翔公馆	0.619	外国文化类	鹿冲关修道院	0.348
	金桥大饭店	0.770	融合文化类	棠荫亭	0.618			
土著文化类	达德学校旧址	0.769	移民文化类	相宝山	0.613			
外国文化类	贵阳师范学院	0.768	外国文化类	民国英式别墅	0.607			
	省政法大楼旧址	0.766	移民文化类	刘氏支祠	0.601			
	省博物馆旧址	0.765	外国文化类	贵州财经学院旧址	0.598			
移民文化类	觉园禅院	0.753	三线建设文化类	贵州乌江水泥厂旧址	0.588			
外国文化类	戴蕴珊别墅	0.752	三线建设文化类	向阳机床厂旧址	0.579			
	贵阳基督教堂	0.741	三线建设文化类	电池厂旧址	0.570			
融合文化类	贾顾氏节孝坊	0.737	外国文化类	贵州省冶金厅旧址	0.556			
移民文化类	贵州银行旧址	0.729	移民文化类	观风台	0.523			
	三元宫	0.729	移民文化类	麒麟洞	0.513			
	黔明寺	0.723	移民文化类	东山寺	0.476			

续表

高全局吸引力类型			中全局吸引力类型			低全局吸引力类型		
空间类别	建筑遗产名称	全局整合度	空间类别	建筑遗产名称	全局整合度	空间类别	建筑遗产名称	全局整合度
融合文化类	君子亭	0.711	融合文化类	地母洞	0.462			
外国文化类	贵州医科大学第一住院部前楼	0.710						
	清真寺	0.710						
	解放路小学旧址	0.694						
移民文化类	文昌阁	0.691						
外国文化类	虎峰别墅	0.691						
融合文化类	高张氏节孝坊	0.689						
三线建设文化类	黔灵印刷厂旧址	0.686						
外国文化类	贵阳北天主教堂	0.686						
移民文化类	刘统之先生祠	0.659						
	高家花园	0.659						
	甲秀楼、涵碧亭、翠微阁	0.647						

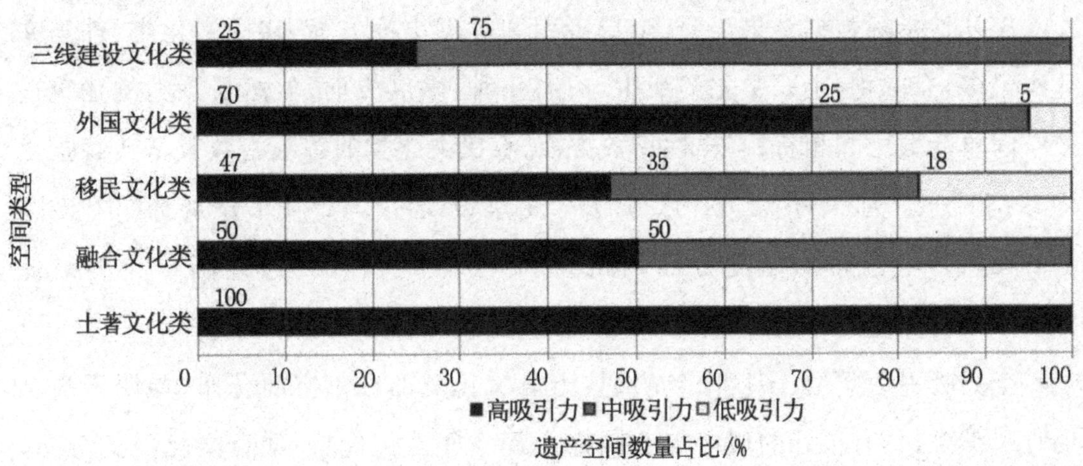

图 4-4 贵阳城各类建筑遗产空间的城市空间分布全局吸引力类型数量百分比条形堆积图

如表 4-4、图 4-4 所示，贵阳城各类建筑遗产空间的城市空间分布，大部分属于全局高吸引、全局中吸引类型，占 92%；少部分属于全局高吸引、全局低吸引类型，仅占 8%。由此可见，建筑遗产空间大体上位于贵阳老城的街巷空间拓扑网络句法中心位置，城市范围内吸引力较大。

2. 城市空间分布全局吸引力类型多样性分析

以上分析了各类建筑遗产空间的城市空间分布全局吸引力类型及数量占比，而全局吸引力类型多样性，可进一步通过多样性指标数据来认识（表 4-5）。

表 4-5 贵阳城各类建筑遗产空间的城市空间分布全局吸引力类型多样性指标

空间类别	类型多度	全局吸引力类型[①] / 多度向量	类型丰度	香浓指数 H	辛普森指数 D	均匀度指数 J_{Si}
土著文化类	2	（高 Gx） （2）	1	—	—	—
融合文化类	6	（中 Gx，高 Gx） （3，3）	2	0.6931	0.5000	1.0000
移民文化类	17	（低 Gx，中 Gx，高 Gx） （3，6，8）	3	1.0284	0.6228	0.9343
外国文化类	20	（低 Gx，中 Gx，高 Gx） （1，5，14）	3	0.7460	0.4450	0.6675
三线建设文化类	4	（中 Gx，高 Gx） （3，1）	2	0.5623	0.3750	0.7500

注：①类型代码：高全局吸引力（高 Gx）、中全局吸引力（中 Gx）、低全局吸引力（低 Gx）。

多样性指标数据结果表明：全局吸引力类型丰度方面，移民文化类、外国文化类最多，有3种，土著文化类最少，只有1种；多度方面，显然与该类的建筑遗产空间单元数之和相符；多样性指数方面，移民文化类的香浓指数及辛普森指数均最高（分别为1.0284、0.6228），三线建设类的均最低（分别为0.5623、0.3750）；多度分布均匀度方面，移民文化类最高（1.000），外国文化类最低（0.6675）。

全局吸引力类型、多度向量表明：土著文化类的城市空间分布，均属于高全局吸引类型，具有很好的城市街巷网络全局空间区位优势；融合文化类的分布，一半属于中全局吸引力类型，另一半属于高全局吸引力类型，具有一定的城市街巷网络全局空间区位优势；移民文化类的城市空间分布，中全局吸引力、高全局吸引力类型居多；外国文化类的城市空间分布，高全局吸引力类型的空间单元数最多，高达14个，中全局吸引力类型的空间单元数为5个，低全局吸引力的空间单元数为1个，均匀度指数为最低值0.6675，说明城市空间分布吸引力类型的多度的不均衡特点突出；三线建设文化类的城市空间分布，以中全局吸引力类型为主，有3个，高全局吸引力的空间单元仅有1个。

（三）各类建筑遗产空间的城市空间分布局部吸引力类型分析

1.城市空间分布局部吸引力量化指标数据提取及类型划分

如图4-5所示，拟定贵阳城整体城市空间街巷句法网络局部整合度平均值为μ，标准差为σ，则$\mu-\sigma=0.815$，$\mu+\sigma=1.847$，总体数值有近似68%落在距离平均值一个标准差的范围内，根据正态分布的“68-95-99.7法则”，该组数据满足近似于正态分布。因此，本文通过（$\mu-\sigma$）与（$\mu+\sigma$）两个数值将建筑遗产空间的城市空间分布局部街巷句法网络形态分为低、中、高局部吸引力三个区间，其中0—0.815为低局部吸引力类型，0.815—1.847为中局部吸引力类型，1.847以上为高局部吸引力类型。结合建筑遗产空间单元群体所在“符号轴线”整合度值提取，即可梳理得到贵阳城各类建筑遗产空间的城市空间分布局部吸引力类型划分（表4-6、图4-6）。

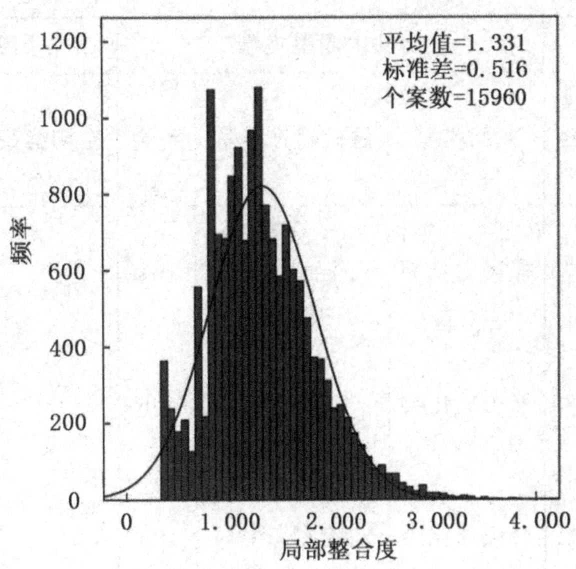

图 4-5　贵阳城建筑空间分布局部整合度正态分布曲线拟合

表 4-6　贵阳城各类建筑遗产空间的城市空间分布局部整合度及吸引力类型划分

高局部吸引类型			局部中吸引类型			局部低吸引类型		
空间类别	建筑遗产名称	局部整合度	空间类别	建筑遗产名称	局部整合度	空间类别	建筑遗产名称	局部整合度
土著文化类	贵州民族文化宫	3.751	融合文化类	君子亭	1.782	移民文化类	刘氏支祠	0.806
外国文化类	贵州省博物馆旧址	3.342	移民文化类	大觉精舍	1.667	移民文化类	仙人洞	0.333
	王伯群旧居	3.301	融合文化类	高张氏节孝坊	1.666	移民文化类	观音洞	0.333
	贵阳师范学院	3.022	融合文化类	扶风寺、阳明祠、尹道珍祠	1.618			

续表

高局部吸引类型			局部中吸引类型			局部低吸引类型		
空间类别	建筑遗产名称	局部整合度	空间类别	建筑遗产名称	局部整合度	空间类别	建筑遗产名称	局部整合度
外国文化类	邮电大楼	2.869	移民文化类	甲秀楼、涵碧亭、翠微阁	1.610			
	贵阳基督教堂	2.785	移民文化类	相宝山	1.569			
	金桥大饭店	2.775	移民文化类	刘统之先生祠	1.560			
	北天主教堂	2.734	外国文化类	省冶金厅旧址	1.536			
	海关大楼主楼	2.718	外国文化类	民国英式别墅				
融合文化类	贾顾氏节孝坊	2.629	移民文化类	弘福寺	1.535			
移民文化类	觉园禅院	2.570	移民文化类	观风台	1.486			
外国文化类	省政法大楼旧址	2.565	三线建设文化类	黔灵印刷厂旧址	1.424			
土著文化类	达德学校旧址	2.253	移民文化类	麒麟洞	1.400			
外国文化类	清真寺	2.253	融合文化类	地母洞	1.359			

续表

高局部吸引类型			局部中吸引类型			局部低吸引类型		
空间类别	建筑遗产名称	局部整合度	空间类别	建筑遗产名称	局部整合度	空间类别	建筑遗产名称	局部整合度
移民文化类	贵州银行旧址	2.210	外国文化类	解放路小学旧址	1.267			
	文昌阁	2.148	三线建设文化类	向阳机床厂旧址	1.262			
三线建设文化类	乌江水泥厂旧址	2.089	外国文化类	毛光翔公馆	1.106			
外国文化类	戴蕴珊别墅	2.065	三线建设文化类	电池厂旧址	1.100			
移民文化类	高家花园	2.049	融合文化类	棠荫亭	1.100			
外国文化类	虎峰别墅	2.008	外国文化类	贵州财经学院旧址	1.045			
	贵阳医学院	1.981	移民文化类	东山寺				
移民文化类	三元宫	1.978	外国文化类	鹿冲关修道院	0.887			
外国文化类	贵州医科大学第一住院部前楼	1.928			0.862			
移民文化类	黔明寺	1.920			0.862			

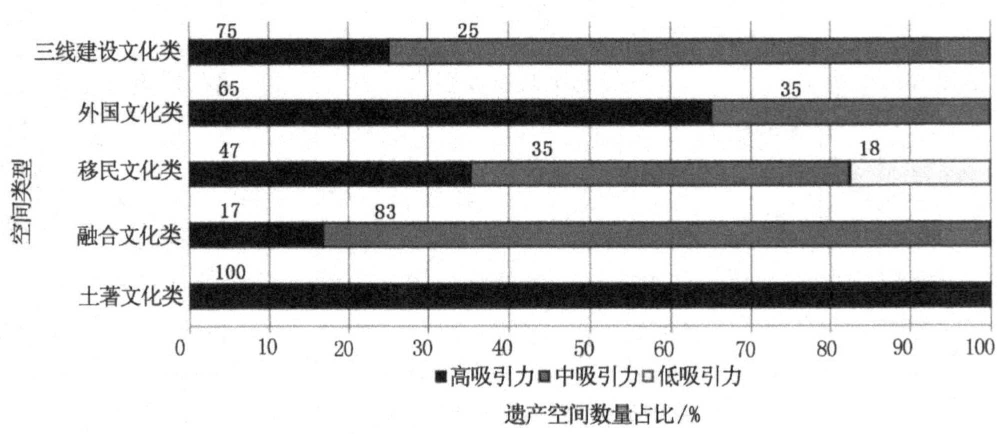

图 4-6 贵阳城各类建筑遗产空间的城市空间分布局部吸引力类型数量百分比堆积条形图

如表 4-6、图 4-6 所示，贵阳城各类建筑遗产空间的城市空间分布，大部分属于高、中局部吸引力类型，占比为 94%，少部分属于低局部吸引力类型，占比为 6%。由此可见，建筑遗产空间大体上位于贵阳老城的街巷空间拓扑网络句法偏中心位置，城市局部范围内吸引力较大。

2. 城市空间分布局部吸引力类型多样性分析

以上分析了各类建筑遗产空间的城市空间分布局部吸引力类型及数量占比，而局部吸引力类型多样性，可进一步通过多样性指标数据来认识(表 4-7)。

表 4-7 贵阳城各类建筑遗产空间的城市空间分布局部吸引力类型多样性指标

空间类别	类型多度	局部吸引力类型① 多度向量	类型丰度	香浓指数 H	辛普森指数 D	均匀度指数 J_{Si}
土著文化类	2	(高 Lx) (2)	1	0.0000	0.0000	0.0000
融合文化类	6	(中 Lx,高 Lx) (5,1)	2	0.4506	0.2778	0.5556
移民文化类	17	(低 Lx,中 Lx,高 Lx) (3,8,6)	3	1.0284	0.6228	0.9343
外国文化类	20	(中 Lx,高 Lx) (6,14)	2	0.6109	0.4200	0.8400
三线建设文化类	4	(中 Lx,高 Lx) (3,1)	2	0.5623	0.3750	0.7500

注:①类型代码:高局部吸引力(高 Lx)、中局部吸引力(中 Lx)、低局部吸引力(低 Lx)。

多样性指标数据结果表明：局部吸引力类型丰度方面，移民文化类最多，有3种，土著文化类最少，只有1种；多度方面，显然与该类的建筑遗产空间单元数之和相符；多样性指数方面，移民文化类的香浓指数及辛普森指数均最高（分别为1.0284、0.6228），三线建设文化类的均最低（分别为0.5623、0.3750）；多度分布均匀度方面，移民文化类最高（0.9343），融合文化类最低（0.5556）。

局部吸引力类型、多度向量表明：土著文化类的空间单元分布均属于高局部吸引力类型，具有很好的局部城市空间区位优势；融合文化类的空间单元分布大多属于中局部吸引力类型，局部城市空间区位优势一般；移民文化类的空间单元分布以中、高局部吸引力类型为主，具有较好的局部城市空间区域优势；外国文化类的空间单元分布以高局部吸引力类型为主，存在部分中局部吸引力类型，相较移民文化类更具局部城市空间区位优势；三线建设文化类的空间单元分布以中局部吸引力为主，局部城市空间区位优势一般。

（四）各类建筑遗产空间的城市空间分布形态类型多样性分析

整合各类建筑遗产空间的城市空间分布全局及局部街巷句法网络整合度数据及类型划分结果，计算获得各类建筑遗产空间的城市空间分布形态类型多样性指标（表4-8）。

表4-8　贵阳城各类建筑遗产空间的城市空间分布形态类型多样性指标表

空间类别	类型多度	城市空间分布形态类型[①] 多度向量	类型丰度	香浓指数 H	辛普森指数 D	均匀度指数 J_{Si}
土著文化类	2	（高Gx-高Lx） （2）	1	—	—	—
融合文化类	6	（中Gx-中Lx，高Gx-中Lx，高Gx-高Lx） （3，2，1）	3	1.0114	0.6111	0.91665
移民文化类	17	（低Gx-低Lx，低Gx-中Lx，中Gx-低Lx，中Gx-中Lx，高Gx-中Lx，高Gx-高Lx，） （2，1，1，5，2，6）	6	1.5644	0.7543	0.90516

续表

空间类别	类型多度	城市空间分布形态类型[①] 多度向量	类型丰度	香浓指数 *H*	辛普森指数 *D*	均匀度指数 J_{Si}
外国文化类	20	(低 Gx-中 Lx,中 Gx-中 Lx,中 Gx-高 Lx,高 Gx-中 Lx,高 Gx-高 Lx) (1,4,1,1,13)	5	1.0513	0.5300	0.6625
三线建设文化类	4	(中 G-中 L,中 G-高 L,高 G-中 L) (2,1,1)	3	1.0397	0.6250	0.9375

注:①类型代码:全局吸引力(Gx)、局部吸引力(Lx)。

多样性指标数据结果表明:吸引力类型丰度方面,移民文化类最多,有 6 种;土著文化类最少,有 1 种;多度方面,显然与该类的建筑遗产空间单元数之和相符;多样性指数方面,移民文化类的香浓指数与辛普森指数均最高(分别为 1.5644、0.7543),融合文化类的香浓指数最低(1.0114)、外国文化类的辛普森指数最低(0.5300);多度分布均匀度方面,三线建设文化类最高(0.9375)、外国文化类最低(0.6625)。

城市空间分布形态类型、多度向量表明:土著文化类的分布均属于高全局-高局部吸引力类型,整体而言具有很好的城市空间分布优势;融合文化类的分布以中全局-中局部吸引力类型(3 个)、高全局-中局部吸引力类型(2 个)为主,整体而言具有中等偏上的城市空间分布优势;移民文化类的分布以高全局-高局部吸引力类型(6 个)、中全局-中局部吸引力类型(5 个)为主,整体而言具有较好的城市空间分布优势;外国文化类的分布以高全局-高局部吸引力类型为主(13 个),整体而言具有很好的城市空间分布优势;外国文化类的分布以中全局-中局部吸引力类型为主,整体而言城市空间分布优势一般。

(五)贵阳城建筑遗产空间单元的城市空间分布吸引力类型汇总

贵阳城建筑遗产空间单元分布的吸引力类型如表 4-9 所示。

表 4-9　贵阳城建筑遗产空间单元分布的吸引力类型统计表

类型	建筑遗产空间单元名称(类别编号)
低 Gx-低 Lx	[仙人洞(Y4),观音洞(Y7)]
低 Gx-中 Lx	[弘福寺(Y8)] [鹿冲关修道院(W9)]
低 Gx-高 Lx	无
中 Gx-低 Lx	[刘氏支祠(Y12)]
中 Gx-中 Lx	[棠荫亭(R1),地母洞(R2),扶风寺、阳明祠、尹道珍祠(R3)] [东山寺(Y3),相宝山(Y5),大觉精舍(Y10),观风台(Y17),麒麟洞(Y15)] [毛光翔公馆(W6),民国英式别墅(W8),贵州财经学院旧址(W18),贵州省冶金厅旧址(W20)] [向阳机床厂旧址(S1),电池厂旧址(S4)]
中 Gx-高 Lx	[贵阳医学院(W17)] [贵州乌江水泥厂旧址(S2)]
高 Gx-低 Lx	无
高 Gx-中 Lx	[君子亭(R4),高张氏节孝坊(R6)] [甲秀楼、涵碧亭、翠微阁(Y2),刘统之先生祠(Y11)] [解放路小学旧址(W19)] [黔灵印刷厂旧址(S3)]
高 Gx-高 Lx	[达德学校旧址(T1),民族文化宫(T2)] [贾顾氏节孝坊(R5)] [文昌阁(Y1),黔明寺(Y6),三元宫(Y9),贵州银行旧址(Y13),高家花园(Y14)、觉园禅院(Y16)] [清真寺(W1),贵阳北天主教堂(W2),贵阳基督教堂(W3),虎峰别墅(W4),王伯群旧居(W5),戴蕴珊别墅(W7),金桥大饭店(W10),海关大楼主楼(W11),贵州医科大学第一住院部前楼(W12),邮电大楼(W13),省博物馆旧址(W14),省政法大楼旧址(W15),贵阳师范学院(W16)]

从具体的空间单元来看,低全局-低局部、低全局-中局部、中全局-低局部吸引力类型的 5 处空间单元为仙人洞、观音洞、弘福寺、鹿冲关修道院、刘氏支祠,这 5 处建筑遗产空间单元的城市资源价值的体现需要重点研究。高全局-高局部吸引力类型的空间单元有 22 处、共 4 种类型,其中土著文化类 2 处、融合文化

类1处、移民文化类6处、外国文化类13处,说明贵阳老城城街巷空间网络的高吸引力区域分布着丰富的建筑遗产空间类型及较高的数量,贵阳老城核心空间的既存建筑遗产文化资源并不匮乏,老城历史街区修复、文化线路之城塑造具有较好的基础条件。

第三节 本章小结

本章借鉴生态学物种多样性研究的立地环境多样性视角,对贵阳城各类建筑遗产空间的地理空间分布形态及多样类型、城市空间分布形态及多样类型展开了研究。主要结论汇总如表4-10所示。

表4-10 贵阳城各类建筑遗产空间的城市空间分布形态特征数据及类型汇总表

类型	空间单元多度	地理空间分布形态类型	城市空间分布形态类型[①]
		节点距离 Dave 值	多度向量
土著文化类	2	高互通	(高Gx-高Lx)
		1200m	(2)
融合文化类	6	中互通	(中Gx-中Lx,高Gx-中Lx,高Gx-高Lx)
		4961m	(3,2,1)
移民文化类	17	高互通	(低Gx-低Lx,低Gx-中Lx,中Gx-低Lx,中Gx-中Lx,高Gx-中Lx,高Gx-高Lx)
		1944m	(2,1,1,5,2,6)
外国文化类	20	中互通	(低Gx-中Lx,中Gx-中Lx,中Gx-高Lx,高Gx-中Lx,高Gx-高Lx)
		2666m	(1,4,1,1,13)
三线建设文化类	4	低互通	(中G-中L,中G-高L,高G-中L)
		8183m	(2,1,1)

注:①类型代码:全局吸引力(Gx)、局部吸引力(Lx)。

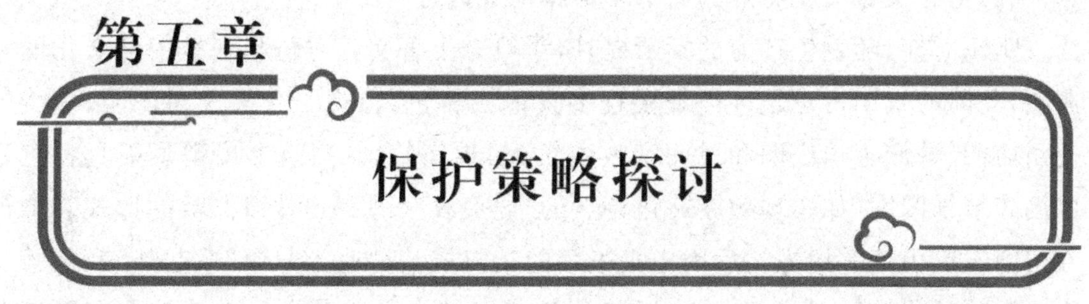

第五章 保护策略探讨

第一节 贵阳城各类建筑遗产空间形态的多样形式/类型成因

一、空间单元形态的多样类型影响因素

个体尺度下的贵阳城各类建筑遗产空间单元的形态类型主要包括三个方面，一是各类建筑遗产空间单元的建筑遗产（简称建筑）形态的形式与类型，二是各类建筑遗产空间单元的边界形态类型，三是各类建筑遗产空间单元的结构形态类型。

（一）建筑形态多样形式/类型成因分析

1. 土著文化类

土著文化类建筑遗产形态特征中较突出的是其自由围合式平面布局和极具土著文化特点的局部装饰图案，这些特征的形成主要受山地地形、传统土著文化和土著文化现代复兴的影响。

(1)自由围合式平面布局特征成因分析

宋元时期的贵阳受土司统治，城区内所建的建筑大多为城墙、各级土司衙署。古代贵阳聚落城区内坡地、山地占比大，受当时生产力水平及人口稀少的影响，建筑多为夯土筑建且避让山体于缓坡处修筑。显然，因地形地貌、物力资源等原因导致建筑随场地地形特点布局较自由；因依托王朝的官式建筑性质，所以与周边土著村落内独栋布局的建筑迥异，多见围合式布局。

(2)富有土著文化特点的局部装饰特征成因分析

明清时期,随着生产力的不断提升,受地方土著文化习俗与宗教信仰文化的影响,此时的贵阳古建筑种类繁多且多具地方特色,出现了众多土司庄园、彝族土司衙门、彝族土司庄园和民间宗教建筑(黑神庙等)。建筑上出现了极具特色的民族装饰图案,如体现彝族文化特点的“虎头纹”(图 5-1)常以浮雕的形式装饰在门窗、柱、山墙等地方。后因中央王朝的集权统治,“改土归流”掀起热潮,土著文化类建筑遗产数量大幅减少,时至今日贵阳城内的土著文化类建筑遗产最富特点的局部装饰已消失殆尽,好在随着现代化城市建设发展,人们对土著文化、稀少数文化的保护意识逐步提高,近现代以来土著文化得以小幅度复兴,部分近现代建筑遗产上出现了与土著少数民族习俗相关的局部装饰、图纹,如贵阳民族文化宫外墙面装饰有 19 个少数民族传统节目浮雕。

图 5-1 彝族虎头纹

2. 融合文化类

融合文化类建筑遗产形态整体风格为中国传统古建筑风格,其平面布局形式与建筑材质特征受到外来文化与贵阳本土文化的双重影响。

(1)建筑平面布局特征成因分析

融合文化类建筑遗产平面多以单体建筑和传统合院布局为主。一方面,与土著类自由围合式布局不同,随着中原文化在贵阳城日益广泛的传播,中原文化追求中轴对称的建筑平面布局影响了贵阳本地居民的建造方式,因而贵阳城内融合文化类建筑组群多以传统四合院为主。另一方面,融合文化类建筑遗产是被当地土著民族与外来移民民族共同信奉和接纳的建筑,不具明显的政治色彩,多由平民自发修建,因此其总体体量较小,具有一定日常游憩性和纪念性即可;或受需求、目的和建造资金的影响,融合文化类建筑遗产多以单体建筑布局为主,以亭、牌坊和石窟寺建筑居多。

(2)建筑材质特征成因分析

融合文化类建筑遗产多由本地平民所建,受建造资金限制和土著文化建造理念的影响,多因地制宜地选用石材和木材等本土天然材质进行建造,其屋顶维护结构及形式多选用价格较为平价的瓦片和泥灰进行塑造。

3. 移民文化类

移民文化类建筑遗产形态较突出的特点是其合院式布局、多样的屋顶形式以及多样的建筑材质与色彩,这些特点的形成主要受到山地地形、中央集权和移民文化的影响。

(1)建筑平面布局特征成因分析

移民文化类建筑遗产空间多为合院式布局。一方面,在中原文化中,人们保守、防范、协和相安的心理需要,遵循着“安其居,互不相犯”的建造理念,因而常通过合院、围墙、影壁等方式,追寻尽可能“规整”、内向、封闭的空间;另一方面,受封建王朝的中央政权影响,为突出封建王朝的统治有序,建筑空间多被规划得庄严又富有秩序,因此,随着中央统治的不断加强,贵阳城内陆续修建了众多府署、寺庙、道观和书院,均追求中轴对称的空间平面布局。因此,贵阳城内移民文化类建筑布局多为传统四合院形式,但因贵阳地处山地且古代建造水平有限,所以出现了部分自由围合式建筑,但其建筑空间布局仍主次有序,十分严谨。总体而言,移民文化类建筑遗产布局在山地地形、中央政治集权和中原文化的影响下,总体追寻规整的传统合院式布局,空间设置主次分明、严谨有序。

(2)建筑屋顶形式特征成因

移民文化类屋顶造型多样,种类远多于土著文化类与融合文化类,这主要是受封建王朝中央政治集权的影响。如前文所述,在封建王朝统治下,当时的建筑空间有严格的主次之分,各个建筑也有明显的等级之别,而屋顶作为建筑立面的重要构成也具有严格的等级划分,较高等级的建筑为庑殿顶,次要等级的建筑为歇山顶,一般建筑则为悬山顶、硬山顶。除屋顶整体造型外,屋顶的翘角个数、梁柱个数也反映建筑的等级,如文昌阁屋顶有九个角,梁用 9×9 共 81 根,柱用 9×6 共 54 根,楼楞木二、三层各用 9 根,如图 5-2[89] 所示,只因“九”在封建社会中是最高权力、最高等级的象征。综上可知,受封建王朝严格的等级划分影响,移民文化类建筑遗产的屋顶形式被赋予了政治与权力的意义,也因此形成了等级严格且多样的屋顶造型。

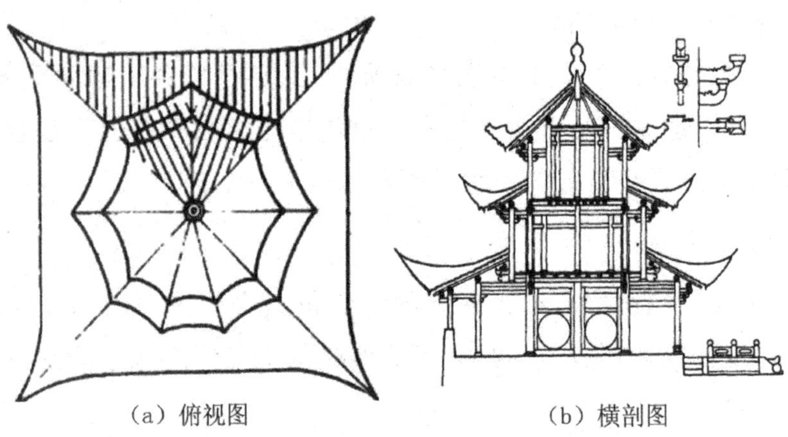

(a) 俯视图　　(b) 横剖图

图 5-2　文昌阁

(3)建筑材质与色彩特征成因

移民文化类建筑材质与色彩具有丰富多样的特点,这主要与封建王朝、不同民系文化影响有关。一方面,一部分移民文化类建筑属不同时期封建王朝官式建筑,建造资金较为充裕,为突显王朝权力与贵族等级,其建筑材质与土著和融合文化类建筑相比,出现了琉璃、颜料墙等较昂贵的材质,建筑色彩也更加丰富,等级越高的建筑出现越多的琉璃装饰,色彩越丰富,常见有蓝、黄、绿、红等装饰颜色;另一方面,一部分移民文化建筑属商贸目的而来的不同民系人群修建的会馆、地方性庙宇、私宅等具有各自民系文化特点的建筑,如湖广、江西、福建会馆的建筑材质与色彩特点就各具特点,使移民文化类建筑的材质与色彩更为多样。但总体而言,一般的建筑多以灰白色调泥灰装饰为主。

4. 外国文化类

贵阳城的外国文化类建筑遗产形态具有中西合璧式独特风貌,在平面布局和立面造型上都有较明显的特征,这些特征的形成主要受到中国文化与外国文化相互交融的影响。

(1)建筑平面布局特征成因

贵阳城内的外国文化类建筑遗产主要有两类,一类是由外国宗教文化所带来的教堂类建筑,另一类则主要是由苏联式建筑风潮所带来的苏式建筑。就教堂类建筑而言,西方教堂多为单体布局,以教堂前广场为中心,与周围建筑构成整体空间,受此影响,贵阳城内外国文化类建筑遗产平面布局以单体建筑为主,但后又受到中国本土文化的影响出现了中轴式庭园布局形式,如贵阳北天主教堂的平面布局（图 5-3），以教堂、钟楼、小广场为主轴，两侧附属建筑厢房式对称布置于两侧，极具中国传统建筑风貌；就苏式建筑而言，苏联式风格追求体量，因此以单体建筑为主，立面形式追求简洁、规矩和对称，因此单体建筑整体空间构成上往往呈左右、中轴对称，中间高、两边低的形式。

整体而言，贵阳城的外国文化类建筑遗产空间布局受外国文化与中国文化的共同影响，既有中国传统的中轴式庭院式布局形式，也有外国传统的单体布局形式，具有中西合璧的风貌特色。

图 5-3　贵阳北天主教堂平面布局示意图

（2）建筑立面造型特征成因

如前文所述，贵阳城内的外国文化类建筑遗产大致可分为两类。就教堂类建筑而言，其立面造型除了出现穹隆顶、老虎窗、拱券造型等明显的外国建筑立面造型特征外，受中国本土文化影响，特别地出现了极具特色的中西合璧式建筑立面造型，如西方教堂多以高耸的钟楼立于中轴线或两侧对称布局，强化教堂建筑的西立面[图 5-4(a)]，而贵阳北天主教堂的西立面是以 5 层四重檐六角攒尖顶中国传统阁楼作为钟楼立于建筑中轴线上，阁楼屋脊宝顶形式为传统式加设十字架造型[图 5-4(c)]，阁楼的两层高砖塔塔基设置券门作为正入口通道，门上设圆形玫瑰窗，具有浓郁的中西合璧特点；教堂东立面为中国传统马头墙式七架三间牌楼造型[图 5-4(b)]，墙面饰有精致的中国传统山水花鸟泥塑彩雕，中间设 3 个圆形的玫瑰窗，3 个作为出入通道的尖券门，与西入口尖券门一样，有横额、两侧刻楹联，呈现中西合璧的独特风貌。

(a) 西方传统钟楼造型　(b) 北天主教堂正立面　(c) 北天主教堂钟楼

图 5-4　教堂示例

[图片来源：(a)https://www.sohu.com/a/146544605_197494；(b)(c)作者自摄]

就苏联式类建筑而言，中华人民共和国成立初期的贵阳受苏联文化思想的影响，建筑师们开始在建筑形态上积极学习“苏联模式”，该类建筑立面造型多为主楼高耸、两侧翼展开、回廊宽缓的形式，也见融合中式圆拱门比例的拱券、中式坡屋顶、民族花卉装饰等，如旧时的贵阳火车站、邮电大楼、贵州省博物馆、百货大楼等(图 5-5)，均是该类型的标志性建筑。

(a) 贵阳火车站　(b) 邮电大楼　(c) 贵州省博物馆旧照

图 5-5　苏联式类建筑

(图片来源：https://www.sohu.com/a/283291504_408285)

综上所述，贵阳城内外国文化类建筑遗产的立面造型受外国文化与中国文化的共同影响，既有明显的外国风格建筑造型特色，也蕴含中国传统建筑造型的影子，具有浓厚的贵阳城多元文化共生的特色。

5. 三线建设文化类

贵阳城内的三线建设文化类建筑遗产形态在平面布局、立面形式与建筑材质上呈现出整体简洁、统一规范的特点，这些特点的形成主要受到现代化建设追求经济效益而忽视建筑形态塑造的影响。

三线建设时期，国家鼓励人们前往三线地区进行建设。据不完全统计，1965年从全国各地选调到贵州来打前站的三线建设人员达 18 万人之多。其中从全国各地内迁贵阳市区的企业有 30 余家，建设人员 10 万余人，机器设备万余台，汽车数百辆。其中，铁道部到贵阳重新组建第二工程局，承担起贵州的铁路建设任务，中国人民解放军铁道兵、工程兵也随后开进贵州，上海大中华橡胶厂一分为二搬迁至贵阳云岩区，上海仪器仪表厂搬迁至贵阳南明区。此时期，贵阳城内出现了一系列工厂建筑，这些厂房的修建以经济效益为主，因此整体风格追求简洁，平面布局灵活，立面形式单一，多为砖瓦立面，以砖混结构为主，无局部雕刻装饰，墙面厚重且开窗面积较小(图 5-6)，整体造型简洁又极具时代特征。

图 5-6　贵阳电池厂旧址(2021 年摄)

(二)边界形态多样类型成因分析

根据第三章贵阳城建筑遗产空间单元形态多样性研究可知：土著文化类的空间边界形态指数适中，密实度偏低，整体而言空间开阔度好；融合文化类空间边界形态指数适中，密实度适中，整体而言空间开阔度较好；移民文化类空间边界形态指数偏低，密实度适中，整体而言空间开阔度适中；外国文化类空间边界形态指数偏高,边界密实度适中,整体而言空间开阔度较差;三线建设文化类空间边界形态指数偏高,边界密实度偏高,整体而言空间开阔度不好。这些特点主要受到城市发展规划建设的影响,一定程度上与中原文化、现代化建设和土著文化复兴有关。

1. 土著文化类

土著文化类建筑遗产空间单元的边界形态指数适中、边界密实度值偏低,整体而言空间开阔度较好,该特点的形成与贵阳城土著文化复兴有关。贵阳自古以来就是众多民族的聚居之地,后来由于封建王朝中央统治、战争和盲目现代化建设,贵州传统民族文化受到了很大的冲击,众多土著文化日渐消逝,状况令人担忧。随着国内对文化遗产的逐渐重视,贵州各级政府开始意识到保护贵州传统民族文化的重要性,逐渐在贵阳城内开启了土著文化复兴建设。2007 年贵州民族文化宫建成,作为贵州省抢救、保护、汇集民族文物和发展民族博物事业的主要机构,其建筑造型体现了贵州、民族、文化三个内涵,颇具贵州地域及民族色彩,是省会城市贵阳的标志性建筑。当前贵阳城已意识到复兴包含土著文化在内的本土文化的重要性,并有意将具有民族特色的土著文化类建筑打造成为城市标志建筑、城市文化符号。受此影响,贵阳城当前该类建筑遗产空间的边界开阔度最高、界面规整度适中,具有较好的可视性与空间氛围。

2. 融合文化类与移民文化类

融合文化类与移民文化类建筑遗产空间单元的边界形态多呈现出边界形态指数适中、边界密实度适中的特点,整体而言空间开阔度较好,这一特点的形成主要与中原文化的影响有关。如前所述,受封建王朝统治的中原地区,人们基于保守、防范、协和相安的心理需要,城市建筑在整体布局、空间设置、功能划分等方面,都遵循“安其居,互不相犯”的建造理念,常显示出内向、封闭的空间格局,建筑与城市空间多被划分为规则的块状,追寻空间尽可能地“规整”。因此,这两类建筑遗产空间单元的边界形态指数适中;随着遗产建筑保护实践的推进,这些老城核心区原本被密实遮挡的建筑也逐渐得以展示出面貌,与各类建筑遗产空间单元相较而言,目前这两类的空间开阔度较好。

3. 外国文化类与三线建设文化类

外国文化类与三线建设文化类建筑遗产空间单元的空间开阔度较差,主要是受现代化城镇建设盲目追求经济效益的影响。在现代化建设的高速进程中，贵阳作为三线建设中的重要城市之一，也迎来了一场盲目的集约化、效益化的城市建设，因过度追求经济效益，缺乏合理的空间规划，此时的城区空间显得紧凑局促，各类建筑的空间界面都显杂乱无序。直至今日，外国文化类、三线建设文化类建筑遗产的保护仍未受到贵阳各界相关人士的重视，所以这两类建筑遗产空间单元的边界形态仍很复杂、边界密实度仍未改善，整体的空间开阔度并不好。

(三)结构形态多样类型成因分析

根据第三章贵阳城建筑遗产空间单元结构形态特征总结可知：土著文化类的空间斑块类型丰富度和分布均匀度均较高，斑块面积较大，室外人行活动空间较完整；融合文化类的空间斑块类型丰富度较高、均匀度较低，林地与庭院斑块面积大，具有明显优势，室外人行活动空间较完整；移民文化类空间斑块类型丰富度较低、均匀度较高，林地与庭院斑块面积较大，室外人行活动空间较复杂；外国文化类空间斑块类型丰富度较高但均匀度偏低，室外人行活动空间较完整；三线建设文化类空间斑块类型丰富度与均匀度均较低，斑块均面积较小，室外人行活动空间较复杂。而以上各空间类型空间结构形态特征的形成与中原文化、现代化建设和土著文化复兴的影响有关。

1. 土著文化类

土著文化类建筑遗产空间结构形态特征的形成与贵阳城土著文化复兴的影响有关。随着对土著文化保护的日益重视，当前贵阳各级政府有意复兴土著文化并将其作为城市文化名片进行打造，在此愿景下，贵阳城内出现了土著文化与现代化建设相结合的现象，土著文化得以复兴，同时该类遗产空间也被重点保护与打造。因此，该类建筑遗产空间斑块较丰富，公共社交空间也较完整，具有较好的空间观赏性、可塑性、可识别性与社交性。

2. 融合文化类与移民文化类

融合文化类与移民文化类建筑遗产空间结构形态均表现出林地与庭院空间斑块的明显优势，这一特点的形成多受到了中原文化的影响。

一方面，古时中原地区营造重视空间的私密性，因此室外公共社交空间较少，建筑多为内向、封闭的空间格局，所以出现了众多庭院空间。因此，受中原文化注重私密空间的影响，融合文化类与移民文化类建筑遗产空间中的庭院斑块面积较大，整体呈现出私密性较好的空间形态特点。

另一方面，受中原文化中的佛教、道教等传统信仰的影响，人们在建造一些宗教或祭祀建筑时，多追寻清高隐逸、避世脱俗的空间氛围，受这种悠远情怀的影响，一些移民文化类与融合文化类的建筑多依山水而建，偏好山林，由此，该两类建筑遗产空间表现出林地斑块面积较大、整体绿化景观较好的空间形态特点。

3. 三线建设文化类

三线建设文化类建筑遗产空间结构形态表现出空间单一且破碎的特点，显然这一特点也是受到了现代化城镇建设盲目追求经济效益的影响。如前文所述，贵阳近代以来的现代化建设存在盲目追求经济效益、忽视空间人文关怀塑造等问题，效益至上的建设理念使该时期的三线建设文化类建筑遗产空间单元呈现出空间斑块类型单一、室外人行活动空间破碎的特点。

二、空间分布形态的多样类型影响因素

群体尺度下的贵阳城各类建筑遗产空间分布形态类型主要包括两个方面，一是各类建筑遗产空间的地理空间（三角剖分网络）分布形态互通性特征类型，二是各类建筑遗产空间的城市空间（街巷句法网络）分布形态吸引力特征类型。

（一）地理空间分布形态多样类型成因

据第四章贵阳城建筑遗产空间分布形态多样性研究可知，贵阳城的各类建筑遗产空间中，移民文化类空间的地理空间分布三角剖分网络形态最为紧密，属高互通类型；三线建设文化类的地理空间分布三角剖分网络形态最为分散，属低互通类型。这两类分布形态特征的形成与移民活动、现代化建设的影响有关。

1. 移民活动对移民文化类建筑遗产空间的地理空间分布形态影响

贵阳自古以来是不同民族的世居之地，随着历史上几大移民活动的发生，其逐渐形成一个以汉族人口居多、多民族杂居的城市。受移民活动的影响，贵阳城展现出高开放性与包容性的特点。随着移民活动的日益成熟，各种移民文化也逐渐融入贵阳文化的建设中，移民文化类建筑数目也日益增多，同时因贵阳文化具有包容性，移民文化的发展并未受到较大冲突，甚至一度制约了土著文化的发

展。时至今日,贵阳城仍持续地接纳各地移民,尽力为其提供良好的生活与发展环境。曾经的移民文化类建筑遗产空间分布格局紧密,属于高互通类型,而且既存建筑遗产空间单元数量多,这些都是贵阳城作为文化线路上重要节点城市的证明。

2.现代化建设对三线建设文化类建筑遗产空间的地理空间分布形态影响

与众多城市发展进程一样,贵阳也曾陷入盲目现代化建设时期。在此时期贵阳城为追求经济效益不断进行城市扩张建设,除不断向城市外围扩张修建外,还在城市内部"见缝插针"式地修建生产类建筑,这些建筑分布受盲目修建的影响并未得到较好的规划,分布零散无序,如在城市主要河流上游布置水泥厂、发电厂,在重要历史城区布置炼钢厂等,都非常不合理。研究数据表明,贵阳城既存三线建设文化类建筑遗产空间的地理空间分布形态最为分散、无序,低互通类型特点非常突出。

(二)城市空间分布形态多样类型成因

据第四章贵阳城建筑遗产空间分布形态多样性研究可知,贵阳城的各类建筑遗产空间中,融合文化类与移民文化类空间的城市空间分布形态类型整体上属于中全局-中局部吸引力类型,有部分空间位于老城区边缘;外国文化类空间的城市空间分布街巷句法网络形态全局整合度极差且数量不均衡,整体表现为中偏高全局-高局部吸引力类型,具有一定的空间分布区位优势;三线建设文化类空间的城市空间分布形态整体上也属于中全局-中局部吸引力类型,空间分布区位优势不明显;土著文化类空间的城市空间分布街巷句法网络形态全局整合度、局部整合度均高,处于老城区内空间高可达区域的核心位置,具有很好的空间分布区位优势。这些分布形态特征的形成与中原文化传播、现代化建设和土著文化复兴的影响有关。

1.中原文化传播对移民文化类、融合文化类建筑遗产空间的城市空间分布形态影响

一方面,受中原文化重视空间私密性,偏好内向、封闭空间格局的影响;另一方面,受中原宗教追寻清高隐逸、避世脱俗的影响。部分移民文化类、融合文化类建筑在修建时较少选择城市中心位置,即使选择中心区域,也是在局部范围内

可达性不高的幽静之处,而宗教类建筑更偏好选择城市边缘山林。因此,既存的部分移民文化类与融合文化类建筑遗产空间位于城区边缘或市中心低可达位置,空间吸引力较弱,致使这两类建筑遗产空间的整体城市空间分布形态均属中全局-中局部吸引力类型,城市空间分布区位优势中等。

2.现代化建设对外国文化类、三线建设文化类建筑遗产空间的城市空间分布形态影响

一方面,中华人民共和国成立初期受苏联文化影响,“苏联模式”建筑风靡一时,贵阳城内出现了众多极具时代特色的苏联式建筑,金桥大饭店、邮电大楼、海关大楼、百货大楼等都是这一时期在老城较中心位置修建的苏联风格建筑,一度成为当时贵阳城的地标建筑。基于这一背景,既存外国文化类建筑遗产空间的城市空间分布形态类型整体属高全局吸引力-高局部吸引力类型,具有较好的城市空间分布区位优势。

另一方面,如前所述,因盲目追求经济效益,贵阳城曾陷入紧邻城市边缘或内部“见缝插针”式的建设时期,在城区城市干道附近出现一系列工业建筑,这是三线建设文化类建筑遗产空间的城市空间分布街巷句法整合度数值中等偏高的原因,该类型建筑遗产空间的城市空间分布整体属中偏高全局吸引-中偏高局部吸引力类型,其城市空间分布区位优势略有优势。

3.土著文化复兴对土著文化类建筑遗产空间的城市空间分布形态影响

随着各级政府逐步意识到保护贵州传统民族文化的重要性,逐渐在贵阳城内开启了土著文化复兴建设,老城区内的土著文化类建筑遗产空间被重点保护与打造。2007年,贵州民族文化宫建成,作为贵州省抢救、保护、汇集民族文物和发展民族博物事业的主要机构,其选址在南明河畔老城区较核心位置,邻近的达德学校旧址也是土著文化类建筑遗产,它们都具有很好的城市空间分布区位优势。

三、影响因素总结

苗疆古驿道是我国云贵高原重要的文化线路,也是中国重要的文化线路。它既是中央政权维护西南边疆疆域的极具军防文化色彩的一条交通动脉,也是各地移民进入西南多民族地区的主要通道,也是明朝以降维系东南亚与中国国际交流的重要国际通道,更是我国西南云贵高原近现代发展建设的重要基础。

而贵阳城作为苗疆古驿道的重要节点城市，其城市的建成及其建筑遗产空间形态的形成，都是基于这一文化线路的历史发展背景。文化线路之城——贵阳建筑遗产空间形态多样类型特征的形成，主要受到中央政治集权、移民活动、商贸活动和现代化建设的影响。

（一）历史因素

苗疆古驿道是600多年前中央王朝动用巨大资源开辟的一条官道，是在封建中央王朝控制下对西南边疆的开发，具有浓厚的中央集权与军事防御色彩。明朝初年，朱元璋确定了“先安贵州，后取云南”的战略方针，出现了历史上著名的“调北征南”事件，而后朱元璋在西南边疆设立了大量卫所，其中贵州卫是专为“滇”设立的，贵州卫是湖广至云南“入滇路”的重要驿点，同时在整个苗疆古驿道中是中心枢纽转站点，而后为进一步巩固云南领土完整、保障该驿路顺畅通行，贵州得以建省。

受封建王朝中央政治集权的影响，贵阳城在明朝时期出现了贵阳府署、总兵府和察院等极富中央集权色彩的建筑，而旧时地方治理的重要建筑如宣慰司、都司、宣慰司学，于明朝中后期开始逐渐消失，地方治理的重要建筑物选址、数目和体量因中央政权的不断强化而发生着变化。除此之外，在中央政治集权统治思想下，为突出封建王朝的统治有序，建筑空间多被规划得庄严又富有秩序，各个建筑也有明显的等级之分。受此影响，贵阳城内移民文化类与融合文化类建筑遗产布局多为传统四合院形，追求中轴对称的空间平面布局，同时建筑空间与建筑形态也有严格的主次之分，不同的建筑等级在屋顶、装饰材料、色彩、平面布局等多方面均有不同的表现形式，如较高等级的建筑为庑殿顶，次要等级的建筑为歇山顶，一般建筑则为悬山顶、硬山顶等。

（二）移民因素

贵阳历史上有四次大移民活动：第一次移民发生在明朝初期，朱元璋登基称帝后，为了进一步强化中央集权，朱元璋开始招募大量官兵前往湖广和云贵地区，而江西地区作为当时重要的人口聚居地，自然也是官兵的重要招募地。此时期，大量来自江西的明军驻守在贵阳，他们退役之后，因路途遥远、交通不便，他们便选择留在贵阳、云南生息繁衍；第二次移民活动发生在明朝中期，随着明朝中期经济的复苏繁荣，中原政府官员也变得越来越贪腐，百姓苦不堪言，开始向贵州迁徙；第三次移民活动发生在清代初期，江南等地大量商人开始进入贵州做生意，其中，江西商人最多，在今天贵州境内依然有大量当时的江西会馆，即由当时江西商人兴建；最后一次移民活动发生在近代，抗日战争时期，随着江南和北方很多土地被日本人占领，发生了“北方人”和“下江人”到贵州避难的迁徙事件，其中“下江人”中以江西人居多[75]。

经过历史上几次移民事件，贵阳城汇聚了北方移民、江南移民和中原移民，随汉移民迁移而来的是当地特殊的文化，包括建造技艺、民俗活动、宗教信仰等，移民文化的融入也影响着贵阳城建筑空间形态的形成，丰富了贵阳城建筑遗产空间形态的多样性。

（三）商贸因素

苗疆古驿道是一条多民族相互交融的活态文化走廊，随着古驿道的开辟与完善，众多民族开始借助驿道进行一些商贸活动。贵阳作为苗疆古驿道上的重要节点城市，自明、清以来随着驿道商贸活动的日益成熟，贵阳城内也出现了各种用于商贸活动的会馆，如云南会馆、江南会馆、浙江会馆、湖南会馆等。同时，随着商贸活动的日益成熟，各民族文化也得以相互交流、相互融合，衍生出了一系列新文化。

苗疆古驿道不仅是国内众多民族相互交融的重要通道，古驿道由东向西经湘、黔、滇三省后伸进东南亚及印度文化圈内，亦被公认为中国西南西出东南亚的陆地国际大通道，是连接国际三大经济走廊和国内两大经济带的中间线路[76]。伴随着苗疆古驿道的开辟与兴起，众多外国文化也随之传入了贵阳。以伊斯兰教文化为例，元朝时就有回族随元军进入贵州，明清时期大批回族军人、商人随苗疆古驿道迁入贵阳、安顺等地，由此带来了伊斯兰文化，贵阳府于雍正年间出现清真古寺、回民公墓等外国文化建筑。除此之外，基督教、天主教等外国文化也因苗疆古驿道的发展而得以传播。

受苗疆古驿道上国内、国际商贸活动的影响，贵阳城内的文化并不是孤立存在的，而是众多民族文化相互交流、相互融合的结果，其文化的多元性与融合性亦在建筑的空间形态特征上有所体现。

(四)现代化建设

苗疆古驿道发展到今天,其驿道线路并非无迹可寻,虽很多区段已不见旧时斑驳的驿道遗迹,但“文化线路”依旧存在,近现代以来中国人民为抗击日本侵略者修建的生命补给线“抗战公路”“三线建设”工程以及湘黔滇铁路线和320国道,都是在苗疆古驿道基础上修建的[77]。而贵阳城也因这些线路建设而得到了较快发展,其城市职能也由明、清朝时期的军事政治重地和商品中心,转变成20世纪50—70年代贵州的工业中心,21世纪的新型工业中心和旅游中心。

随着古驿道的现代化建设影响,贵阳城得到了快速发展,贵阳城内出现了第一批工业建筑,同时随着国内外现代化建设交流的日益深入,贵阳城内也出现了第一批苏联式建筑,邮电大楼、金桥大饭店等建筑成为当时贵阳城内的标志性建筑,为贵阳城增添了一处极具时代特色的建筑遗产城市空间。

第二节　保护策略

一、文化线路保护视角与实践路径分析

“文化线路”作为一种复合文化遗产类型,主张多元文化共生,强调遗产的多样性与整体性保护。就方法论而言,其保护原理是将“线性”的旧线路或古驿道作为线性要素,将沿线的“点状”城市、村庄或文物古迹作为点要素,利用线要素将具有文化线路脉络的各类点要素串联起来,最终形成以线带点、以线构面的遗产网络[90],而达成多样性与整体的保护理念。

随着建筑遗产保护的逐渐深入,人们逐渐意识到周边环境保护与遗产本体保护是同等重要的,时至今日,传统的建筑遗产保护通常包含两方面:一是对建筑遗产本体的修复;二是对建筑遗产所在空间环境的控制[7]。其中,传统的建筑遗产所在空间环境的控制范围较小,主要从两方面对建筑遗产所在点状空间进行控制:一是确保建筑遗产本体的安全;二是保证建筑遗产周边真实、完整、协调的景观视线。

对线性的文化线路而言,尺度空间跨县市域甚至国界、遗产数量多、遗产类型丰富,很容易理解保护的核心内容是文化线路中的遗产多样性与包容多样性的整体性。但文化线路遗产保护的本质仍是对数量众多的“点状”遗产进行类型化的梳理,认识多样的遗产点群历史功能与地理空间脉络,对多样的点群进行类

型化的文脉保护以及包容多样性的整体性保护。因此,文化线路视角下的城市建筑遗产保护除了针对传统的遗产本体与所在空间环境的保护外,还应将这一建筑遗产空间单元置于其城市历史文化脉络背景下,理解城市的建筑遗产空间单元群作为一个整体,实质是由不同文化类型的建筑遗产空间单元群构成;对城市建筑遗产空间的保护,是指对各类建筑遗产空间单元群的保护,是指对各类建筑遗产空间单元群的城市文脉空间的保护,以及由这些文脉形成的城市文脉格局保护(表 5-1)。

表 5-1　传统的与文化线路视角下的城市建筑遗产空间保护原则对比表

传统的城市建筑遗产空间保护原则	文化线路视角下的城市建筑遗产空间保护原则
1. 针对建筑遗产周边的小范围点状空间 2. 保证建筑遗产本体的安全 3. 保证建筑遗产真实、完整、协调的景观视线	1. 针对与文化线路历史背景有关的建筑遗产空间单元点群 2. 任何保护措施均在文化线路相关价值保护与传承的考虑下进行 3. 个体的空间单元保护:与传统的保护方法基本一致,至少保证在限定的遗产空间单元范围内保护遗产真实、完整、协调的景观视线 4. 群体的空间保护:以城市整体的文化多样性保护为目标导向,具体落实在对各类建筑遗产空间单元群的分类保护上;以城市的文化线路文脉格局保护为目标导向,具体落实在基于各类建筑遗产空间单元群的线路文脉修复与保护上、保护利用与可持续发展上

文化线路视角下的保护具有与城市大环境不可分割的特点,在此思想下的建筑遗产保护不仅要处理好遗产单体和周边环境的问题,还要从城市发展的宏观角度出发,处理好建筑遗产保护与社会发展之间的关系,将遗产保护与文化资源可持续利用作为城市发展的带动力量,在文化传承与发扬的同时促进城市社会文化经济可持续发展,并确保遗产保护的持续性。目标实践需要实践路径清晰,文化线路视角下的城市建筑遗产空间保护实践路径如下。

(一)建筑遗产空间的保护规划与修复设计——以注重各类建筑遗产资源与社会文化经济发展相融合为导向

文化线路视角的建筑遗产空间保护更注重多样性与包容多样性的整体性,更注重各类建筑遗产空间与城市环境的有机结合;规划各类建筑遗产空间保护时应与城市发展战略相统一,实现各类建筑遗产空间保护与城市发展的协调共赢。因此,在开展各类建筑遗产空间的保护工作时,首先要与遗产所在地政府开展广泛交流,寻找各类遗产空间保护规划与地区发展规划的结合点;其次,结合城市发展战略与遗产保护准则，借鉴文化线路理论编制各类建筑遗产空间的整体性保护发展规划，可采取分层次规划设计形式，先做群体尺度总体规划，后针对个体尺度的空间单元、单元地段提出历史建筑及文脉修复设计方案。

群体尺度的保护发展总体规划，应结合群体尺度下的各类建筑遗产空间分布形态特征，借鉴应用文化线路"以线带点"方法论的规划方法，结合城市相关的历史主题，修复城市潜在文化。西方文化线路方法论实践较为成功的案例，如西班牙圣地亚哥朝圣之路，即基于区域化的宗教朝圣遗产空间修复而形成的当代地区性历史文脉旅游线路。

个体尺度的历史建筑及文脉修复设计方案，应从遗产建筑形态、空间边界形态与空间结构形态三方面来开展相应的特征及文脉的保护、修复与维护实践。以此在个体尺度的空间单元形态上强化各类建筑遗产文化资源的传承与发展。

最后，形成一套既有群体尺度的保护发展总体规划战略，又有个体尺度的历史建筑及其地段文脉的保护、修复、维护设计的技术路线，服务于城市遗产资源与社会文化经济发展相融合的城市更新事业。

（二）建筑遗产空间的保护管理——以建立多方参与的建筑遗产管理体系为导向

文化线路保护思想下的建筑遗产空间保护与利用离不开对社会各方面的综合考虑，需要多部门、多人士的广泛参与。除传统的政府文化主管部门进行主导管理外，还需要相关的城市建设部门、旅游部门、宗教部门、农林部门等协调配合，同时应广泛听取周边居民、遗产保护专业人士、相关企业人士等的建议，以此建立民主和谐的"公众参与、多方联合"式的城市建筑遗产空间资源的保护利用管理体系。

二、基于贵阳城建筑遗产类型多样性数量特征的保护策略

针对现存数量较少的建筑遗产空间类型，可结合第二章建筑遗产类型及多样性分析、第三章建筑遗产空间单元形态多样性研究的结果，适当在遗址重塑已消失的建筑遗产空间单元，以改善该类建筑遗产空间数量较少、文化影响力较小的情况。对于消失的遗产空间单元重塑，可通过空间场景重现、文化空间隐喻与象征的方式达成。

（一）空间场景重现

基于历史影像照片、文献记载等资料在历史上曾经的遗址位置，对历史曾经

的建筑遗产城市空间重新进行修建,恢复旧有建筑遗产空间场景。

(二)文化空间隐喻与象征

提取该建筑遗址空间的特征符号,通过隐喻象征的手法,运用在现今该遗址点的城市空间中,可结合既有建筑、景观、小品、城市家具、空间装置等城市空间要素予以表达,塑造该建筑遗址的城市空间场所精神、表达其独特寓意。

例如,针对当前数量最少、濒临消失的土著文化类建筑遗产空间,可依据第二章使用的历史地图转译法,确定消失的建筑遗产空间单元(图 5-7);结合城市空间微更新、城市空间改造的机遇,通过空间场景再现或隐喻象征的方式对遗址处的建筑遗产空间进行重塑。历史空间的物质属性与社会属性尽可能统一的表达是重塑建筑遗产空间的重要原则,即使是隐喻象征的手法,除可结合建筑遗产的物质形态特征进行元素隐喻象征外,还可依据历史空间中的社会人群服饰、器具等非物质文化符号进行抽象表达、民俗节庆文化进行再现,多层次强化该类遗产文化的传承。图 5-8 所示为贵阳土著文化相关符号的提取、概括和抽象应用。

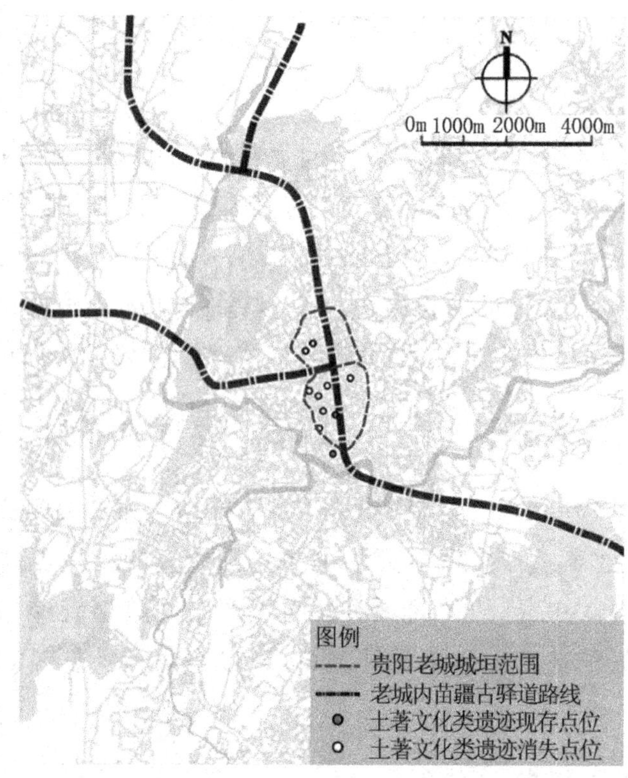

图 5-7 贵阳城现存与消失的土著文化类建筑遗产空间点分布图

土著文化符号的提炼

土著文化符号的运用

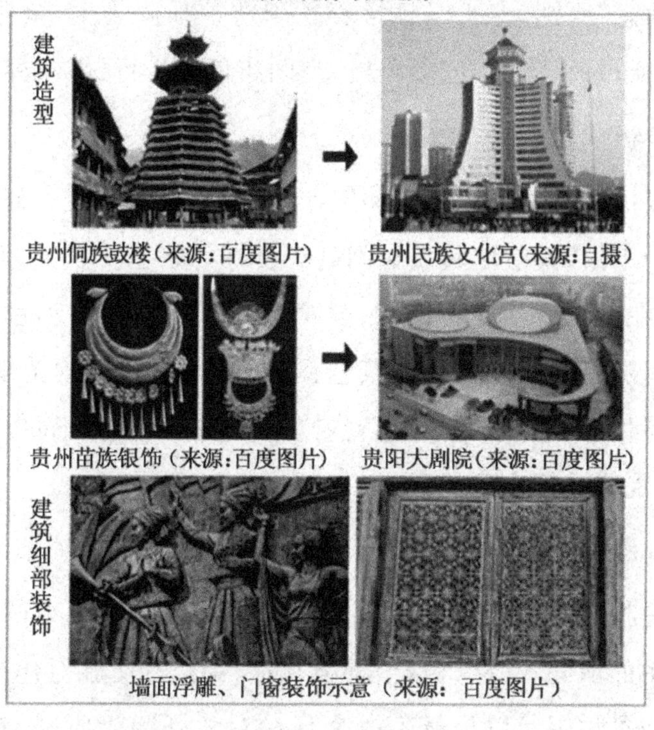

图 5-8　土著文化符号的提炼与运用

三、基于各类建筑遗产空间单元形态特征的保护策略

对城市建筑遗产空间进行保护与发展规划实践的第一原则是真实性原则，即必须在充分尊重和保护建筑遗产及其文脉环境本体的前提下，开展对各类建筑遗产空间单元的建设与发展。因此，贵阳城各类建筑遗产空间单元的保护与发展规划实践，首要任务是尽可能完整地保存这些空间单元的建筑遗产本体真实性，其次是尽可能恢复建筑遗产空间单元中的历史信息完整性。

(一)基于建筑遗产形态特征的保护策略

落实在具体的建筑遗产形态上,可基于第三章研究总结的各类型建筑遗产形态特征,从平面布局、立面形式、局部装饰、建筑材质和色彩、建筑层数五方面对现存建筑遗产进行保护与修复,并加强后期的维护与管理,以落实真实性保护原则。

对于建筑遗产的维护与管理,应本着"不改变原状、尽可能减少干预、保护现存实物与历史信息"原则,主要以日常养护与防护加固为主,按照各类遗产的立面特征、结构特征、材料质地、色彩风格、空间布局等进行保护、养护与管理。

1.日常养护

最佳的修复措施是预防性维修和定期检修,对于保存较完好的建筑遗产,只要做好日常维护工作,就能使其长时间处于良好的状态。因此,对现状保护较好的建筑遗产,应在不改变其现存结构、材料质地、外观、装饰和色彩等情况下,有针对性地对存有隐患的部分进行连续监测并记录存档,按规范实施日常性保养与修护。例如屋顶除草勾抹、局部揭瓦补漏、梁柱与墙壁等简单加固、庭院整顿清理、室内外排水疏导等小型工程。

2.防护加固

防护加固是指对文物建筑中出现的损坏或存在安全隐患的构件,利用现代工程技术手段中的加固、支撑、稳定、补强、防护等修复措施对建筑遗产进行物理性质的保护。防护加固时以尽量不改变保护对象外观为原则,对所使用的加固构件与材料的类别、色彩以及形式予以严格控制,并尽可能置于隐蔽位置,不能与文物建筑原有构件形成较大的反差,以免对保护对象的外观与特征造成破坏。

(二)基于各类建筑遗产空间单元边界形态特征的保护策略

通过第三章各类建筑遗产空间单元的边界形态分析可知,土著文化类具有边界形态指数适中、边界密实度低、视野最开阔的特点,具有较好的空间可视性优势;三线建设文化类具有边界形态指数偏高、边界密实度高、空间可视性差、氛围不好的特点;而其他类建筑遗产空间单元边界密实度与复杂程度适中,优劣势不明显。因此,提出以下保护策略。

1.针对土著文化类建筑遗产空间单元

针对土著文化类建筑遗产空间单元,应充分发挥其视野开阔的优势,特别是以民族文化宫为代表,注重空间单元内的文化景观营造,如通过在城市家具、标识系统、周边建筑、景观小品设计中加入该类遗产文化符号元素、定期举办土著民俗传统活动等方式,并注重后期的空间管理与维护,将该类遗产空间打造成为贵阳城的重点文化展示空间。

2.针对三线建设文化类建筑遗产空间单元

针对三线建设文化类建筑遗产空间单元,应对其空间边界界面进行整改,以增强空间的可识别性与可视性,如拆除周边违建建筑、整改周边建筑走向、协调空间边界界面、强化空间指引标识等。

3.对于其他空间可视性与边界规整度适中的建筑遗产空间单元

对于其他空间可视性与边界规整度适中的建筑遗产空间单元,应注重对空间边界界面的保护与管理,控制空间边界的密实度、边界形状指数不再提升,同时应及时整改和避免周边建筑乱搭、乱建等情况的出现,保证建筑遗产空间的可视性与可识别性。

(三)基于各类建筑遗产空间单元结构形态特征的保护策略

具体设计方案、技术措施、建设实践均以空间单元内的形态特征、文脉信息、文脉景观修复与保护为原则,在有据可依的情况下,可适当突破划定的空间单元范围,以能包含邻近的文脉信息为原则,确定新的建筑遗产空间单元范围。

1.土著文化类建筑遗产

土著文化类建筑遗产空间的斑块类型丰富且室外人行活动空间较完整,空间结构丰富且合理,具有较强的空间可塑性、可识别性、观赏性和可社交性,因此在今后的保护建设工作中应注重对其原有空间结构的保护与管理,保证空间的丰富性与合理性。同时,应尽可能发挥其室外人行活动空间斑块较完整的优势,可定期举行土著民俗传统活动,增强空间文化氛围的同时复兴土著文化。

2.融合文化类与移民文化类建筑遗产

融合文化类与移民文化类建筑遗产空间的绿化类斑块和庭院斑块面积占比较高,具有较好的空间可塑性、景观观赏性和私密性,因此在今后的保护建设工作中,一方面应充分发挥其绿化空间面积体量较大的优势,着重其林地、绿地和水域的绿化景观塑造,另一方面基于其庭院空间半私密性的优势,可适当增添一些半私密活动,如坝坝茶宴、本土花灯戏剧表演、评书活动等,以此充分发挥其观赏性与社交性上的优势。

3.外国文化类建筑遗产

外国文化类建筑遗产空间的建筑遗产、车行交通斑块、绿地斑块和室外人行空间斑块面积较大,其余斑块面积适中,由此可见该类建筑遗产的可识别性、景观观赏性和可社交性较好,同时该类遗产靠近城市干道,位于城市主要展示界面,应着重其外立面的塑造,使其成为城市重要文脉建筑符号空间。

4.三线建设文化类建筑遗产

三线建设文化类建筑遗产空间,除室外人行活动空间斑块面积较大外,其余类型斑块面积均较小,该类空间存在空间可塑性、可识别性、景观观赏性较差的问题,在今后的保护建设工作中应予以重点改善,同时应充分发挥其社交空间面积大的优势,通过增加互动式景观小品或文化活动等增加此类空间的多样性体验。

(四)各类建筑遗产空间单元周边环境风貌的引导与控制

城市建筑遗产空间单元的保护,除关注建筑遗产空间单元本体外,还应适当控制周边环境风貌,周边建筑风貌的合理塑造可以保证与建筑遗产空间的统一与协调,从而更好地体现城市的历史韵味与时代特色。因此,在对贵阳城建筑遗产空间单元进行保护与发展时,应以协调统一为原则对遗产空间单元周边的环境风貌进行适当控制,避免周边建筑漠视紧邻的建筑遗产空间形态特征,选择以自我为主的建设方式,防止损坏建筑遗产空间单元的城市文化资源价值。提倡通过适当整改周边建筑环境的方式,进一步突显和提升相邻遗产空间单元的城市文化资源价值；通过对环境风貌的控制，形成协调统一的遗产空间单元的城市氛围。而事实上这一指导思想也是使环境风貌中的建筑获得附加文化价值的有效途径，是遗产空间与其环境风貌空间在文化资源空间生产上获得双赢前景的基础。

以第三章各类遗产建筑形态特征成果为基础，提出各类建筑遗产空间单元的周边城市环境建筑风貌引导建议（表 5-2），主要从立面形式、局部装饰、建筑材质与色彩对空间单元周边的城市风貌进行适当引导、控制与管理。

表 5-2　建筑遗产空间单元的周边城市环境建筑风貌引导表

<table>
<tr><th>空间类别</th><th colspan="2">引导内容</th><th>引导内容说明</th></tr>
<tr><td rowspan="9">土著文化类、融合文化类、移民文化类</td><td rowspan="3">立面形式</td><td>屋顶</td><td>根据人眼可视范围内的统一与协调性，建议低层建筑以悬山顶、硬山顶为主，多层建筑以披檐平屋顶为主，高层建筑可选用类似攒尖顶建筑的塔式屋顶</td></tr>
<tr><td>屋身</td><td>根据立面整改难度，建议低层建筑屋身以石木柱廊结构为主，多层建筑以石材、木材或仿古材料墙为主，高层建筑因立面整改难度较大，因此不追求与建筑立面的完全统一，以与遗产协调为主，建议以灰白颜料墙或玻璃幕墙为主</td></tr>
<tr><td>台基</td><td>部分低层重要建筑可适当设置砖石结构普通台基</td></tr>
<tr><td rowspan="3">局部装饰</td><td>装饰图案</td><td>以几何、花草与神兽图案为主，可适当增加相关文化符号图案装饰，如彝族虎图腾等</td></tr>
<tr><td>装饰材料</td><td>以木雕、石雕、浮雕、彩绘、泥灰雕塑等为主，重要建筑重要部位可使用琉璃装饰</td></tr>
<tr><td>装饰部位</td><td>可选在门窗、墙面、栏杆、柱、屋顶等部位</td></tr>
<tr><td rowspan="2">建筑材质</td><td>屋面材质</td><td>仿古坡屋顶材质以泥灰、瓦片和石材为主</td></tr>
<tr><td>墙面材质</td><td>以木材、石材为主，可适当添加现代玻璃幕墙与颜料墙</td></tr>
<tr><td colspan="2">建筑色彩</td><td>以灰白色调为主</td></tr>
</table>

续表

空间类别	引导内容		引导内容说明
外国文化类、三线建设文化类	立面形式	屋顶	整体风格简洁,以平屋顶为主
		屋身	追求简约,以砖石结构墙面或混凝土、颜料墙为主,部分外国文化类遗产周边建筑可顺应遗产建筑形态,适当设置拱券式外回廊立面造型,对于高层或立面改造较大的建筑建议改造成灰白颜料墙或玻璃幕墙
		台基	无台基
	局部装饰	装饰图案	无过多局部装饰图案,可在重要建筑上适当装饰几何图案
		装饰材料	外国文化类遗产周边建筑可饰以彩绘、石雕
		装饰部位	可选在门窗、墙面、栏杆等部位
	建筑材质	屋面材质	以现代材质砖石、水泥和混凝土等为主
		墙面材质	以现代材质砖石、玻璃、钢材和混凝土等为主
	建筑色彩		以灰白或红色(以红砖房为主的遗产空间)色调为主

四、基于各类建筑遗产空间分布形态特征的保护策略

根据第四章群体尺度下的贵阳城建筑遗产空间分布形态多样性研究结果可知,当前贵阳城内以土著文化类、移民文化类的建筑遗产空间分布最为紧密,同时具有较好的城市空间吸引力优势,但相较而言,移民文化类的建筑遗产空间单元多具有明显优势。因此,在进行贵阳城文化线路视角的空间文脉修复时,因为移民文化类建筑遗产线索更多,所以应优先挖掘该类建筑遗产空间单元群分布形态特征中蕴含的历史文脉,方法上还可结合各时期消失的该类建筑遗产点的地理空间位置来进行整合分析。目前发现,移民文化类建筑遗产空间单元大体呈现出沿苗疆古驿道以及“九门四阁”城垣分布的特点(图 5-9)。因研究时间所限,各类建筑遗产空间文脉变迁方面的研究尚未深入,以下分析可作为文化线路方法论应用的建议。假设主要以图 5-9 中移民文化类建筑遗产空间点的分布特

点为基础，结合其他类相关建筑遗产空间单元点的分布，逐一整合进城市的城垣步道空间、城市水脉空间、古驿线路空间等重要线性要素，落实以线带点构面的文化线路方法，可提出重现“九门四阁”城市肌理、修复城市水脉、塑造特色历史风貌街区、构建“两横三纵一环三区”(图 5-10)的贵阳文脉格局的规划建议。该建议是保护贵阳城建筑遗产文化资源的目标愿景，可以伴随城市更新、城市建设步伐的推进得到逐步落实。从城市文化产业经济可持续发展的角度而言，建筑遗产这一重要资源方向的保护发展规划及实践管理不可缺失。

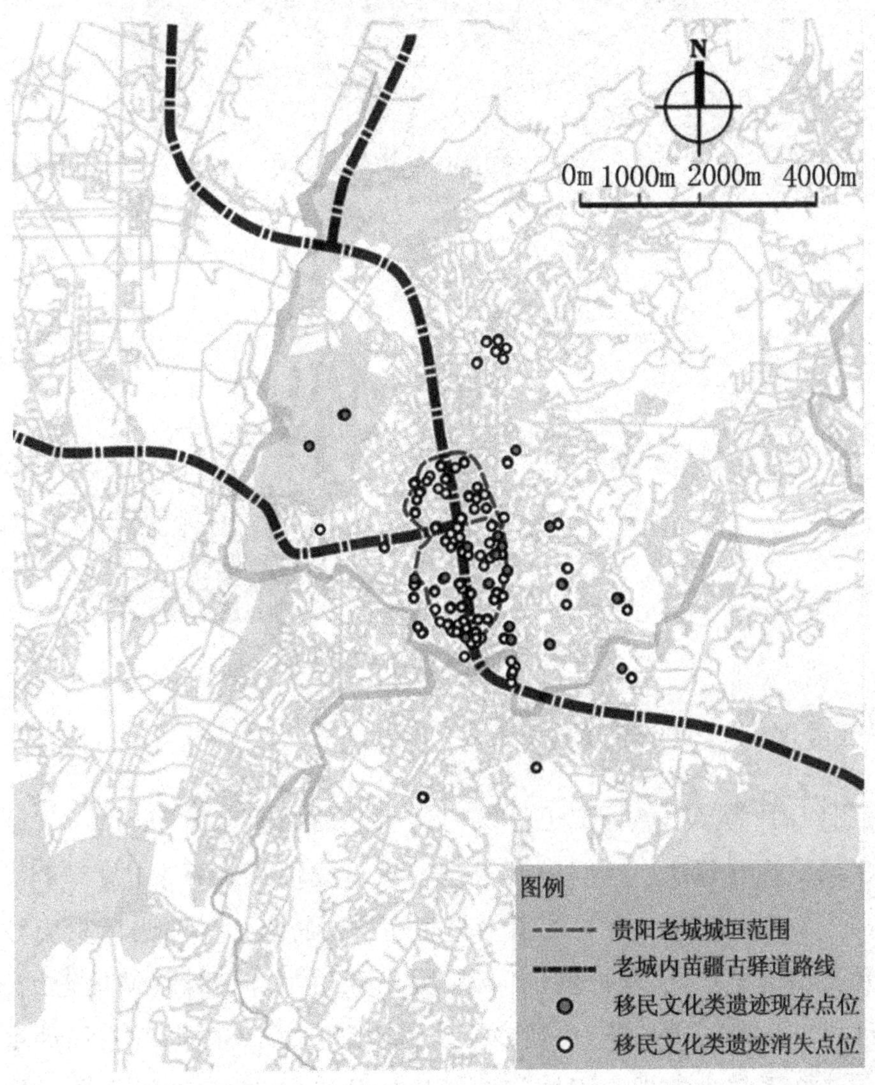

图 5-9　贵阳城现存与消失的移民文化类建筑遗产空间点分布图

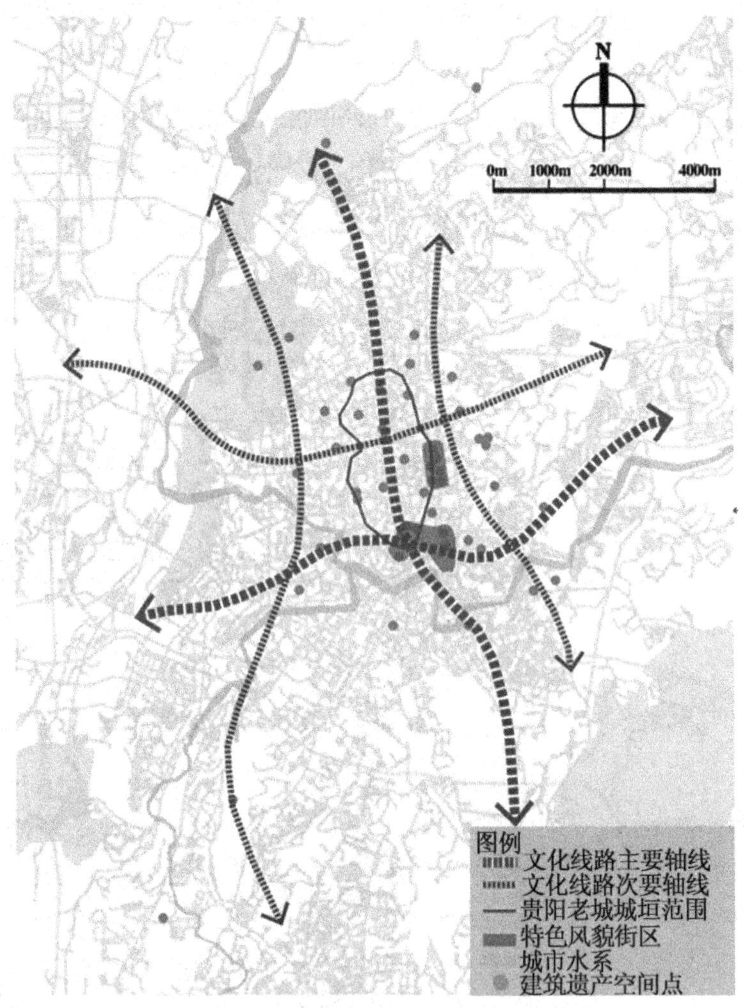

图 5-10 贵阳城文脉空间骨架示意图

(一)重现“九门四阁”格局

“九门四阁”为贵阳城历史上持续时间最长的城门城垣布局形式,显然城垣是最佳串联组织建筑遗产空间单元节点的城市线性文脉要素,尤其是移民文化类建筑遗产空间单元节点布局有着沿城垣布置的特点。针对当前贵阳城建筑遗产空间单元缺乏整体性、集群性的问题,提出利用“九门四阁”城垣遗址肌理,以旧城垣线性文脉空间为依托,构建慢行步道、雕塑小品、浮雕壁画、局部重塑等方式在现代步行系统中重现贵阳城门城垣遗址脉络空间,并以移民类建筑遗产空间单元群为主体来整合相关遗产空间单元,作为九门四阁线性历史空间场域的重要节点,提高该条城市重要线性脉络空间的景观丰富度以及文脉内涵。

(二)修复城市水脉

如第二章分析的贵阳城古代城市地图水系格局所示,贵阳城的城市发展基本上呈现出沿河发展态势,整个城市空间布局也是基于河流走向伸展,古时众多的重要建筑也沿河密集分布,河流沿岸的线性空间是贵阳城市历史发展见证的重要文脉空间。然而,受现代化城市建设的影响,当前贵阳城的贯城河、市西河、南明河及沿岸历史空间受到的破坏最为严重,不仅历史水系格局呈现残破不均衡现状,未能发挥其城市蓝脉作用,而且水系两岸的空间场域中许多重要遗址空间受到盲目侵蚀。因此,提出梳理城市水脉格局骨架,以及沿岸历史建筑空间单元节点的城市空间释放,结合既存滨河景观线路的更新与扩展,修复河流两岸的历史建筑文脉,为城市水域格局空间中的遗产资源空间生产的价值释放奠定基础。目前尚能初见文脉的遗产资源滨河景观,如南明河畔民族文化宫、黔明古寺、甲秀楼、翠微园、观风台一线,着实是目前贵阳老城的旅游资源担当。然而,作为文化线路之城的贵阳,其文化多样性与特色性绝非这一线片段所能代表的。

(三)塑造特色历史风貌街区

贵阳城建筑遗产空间还存在环境风貌不成规模,城市建筑风貌协调度不高的问题。这一背景下,对于建筑遗产空间单元分布较集中的区域,应深入研究并充分挖掘该区域的遗产资源脉络,做到充分保护和利用该区域的历史文脉空间,并建议适当扩展周边作为环境风貌区,从对众多孤立的遗产空间单元保护转向对它们所在历史街区的保护,从仅保护空间单元建筑景观形态转向保护历史街区建筑景观形态以及控制管理历史街区周边区域的协调性环境风貌。

就当前贵阳城建筑遗产空间单元富集社区而言,曾经提出的修复黔明寺—甲秀楼—涵碧亭—翠微阁历史街区、文昌阁—大觉精舍—君子亭历史街区、阳明祠—扶风寺—尹道珍祠—东山寺历史街区的规划建议实为合理,如图 5-11 所示。若能成功修复这三处分别具有移民文化特点、多元文化特点、融合文化特点的历史街区,并做好街区周边环境风貌的协调控制,那么贵阳城的历史文化特色风貌就有可能获得初步格局,使停滞不前的贵阳城建筑遗产资源空间保护与发展规划实践取得不小的成绩。

在进行历史街区建筑遗产的空间环境修复时,应对该街区其他历史建筑、空间肌理、街区景观展开深入研究,以研究获得的建筑遗产所在时期的街区空间形态特征为基础,不限于该街区既存的建筑遗产特征来开展该街区的历史空间修复。街区周边的环境风貌应在材质、色彩、构造等方面与历史街区保持协调性;地面铺装、街道家具、路灯、景观小品等设施也应在材质、形式、图案等方面与历史街区有一定的呼应关系,从而在一个更大的空间尺度上获得城市历史氛围的感知。除此之外,历史街区内的城市空间、建筑空间功能也需要有相应的可持续发展规划,以能适应时代的建筑遗产空间资源利用方式为原则。

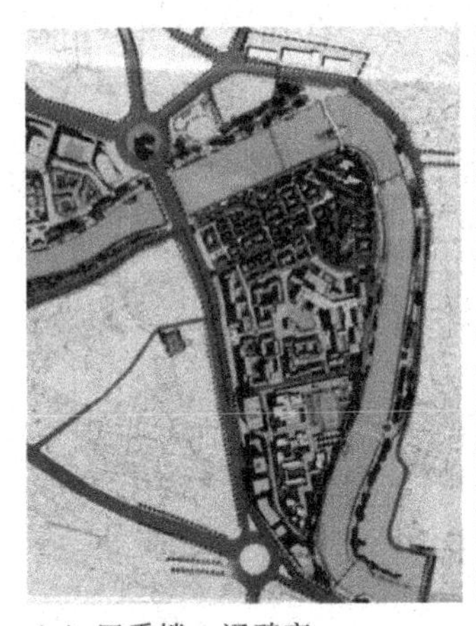

(a) 甲秀楼—涵碧亭—翠微阁历史街区规划图

(b) 文昌阁—大觉精舍—君子亭历史街区规划图

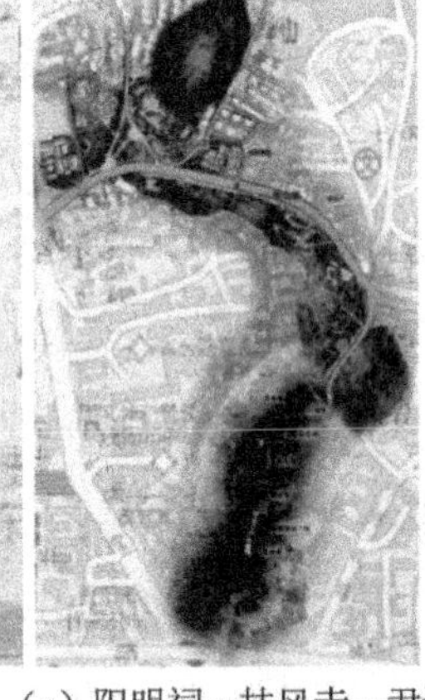

(c) 阳明祠—扶风寺—尹道珍祠—东山寺历史街区规划图

图 5-11 特色历史风貌街区规划图

(图片来源:贵阳市自然资源和规划局)

(四)建构城市文脉空间格局

如前文所述,结合各类建筑遗产空间单元群的分布特点,在重现“九门四阁”格局、修复城市水脉、塑造特色历史风貌街区的基础上,整合贵阳城的苗疆文化线路脉络,初步提出“两横三纵一环三区”的贵阳城文脉空间格局建构建议。即沿苗疆古驿道主要线路(中华中路与延安中路方向)与南明河岸景观线构建一横一纵文化线路,沿苗疆古驿道次要线路(威清门—东山方向)打造一条次要的横向文化线路,沿宝山北路、黔灵山—浣纱路—南明河南段打造两条纵向老城区外文化线路,并整合进“九门四阁”、城市水脉、特色历史风貌街区,共同形成“两横三纵一环三区”的贵阳城文脉空间骨架。该文脉格局的构建,以线串点,以线体现面地落实贵阳城建筑遗产资源空间的空间生产容量最大化,期望成为推动城市建筑遗产文化资源的社会经济可持续利用与发展的基础。

第三节　本章小结

一、贵阳城各类建筑遗产空间形态特征成因

贵阳城各类建筑遗产空间形态特征成因可从空间单元形态特征成因、空间分布形态特征成因两方面阐述。

(一)空间单元形态特征成因分析

各类建筑遗产形态特征的形成与山地地形、中央政治集权、移民活动、商贸活动和现代化建设的影响有关;各类建筑遗产空间单元边界形态特征的形成与中原文化、现代化建设和土著文化复兴的影响有关;各类建筑遗产空间单元结构形态特征的形成与中原文化、现代化建设和土著文化复兴的影响有关。

(二)空间分布形态特征成因分析

各类建筑遗产空间的地理空间分布形态特征的形成,与移民活动和现代化建设的影响有关;各类建筑遗产空间的城市空间分布形态特征的形成,与中原文化传播、现代化建设和土著文化复兴的影响有关。

(三)贵阳城各类建筑遗产空间形态特征的影响因素总结

在苗疆古驿道文化线路背景中,影响贵阳城各类建筑遗产空间形态特征形成的主要因素有中央政治集权因素、移民活动因素、商贸活动因素与现代化建设因素。

二、保护策略的分析

基于文化线路视角,首先探讨了贵阳城建筑遗产空间的保护实践路径,进而分析保护策略。保护策略的提出主要基于以下 3 个方面的研究结果。

(一)基于贵阳城建筑遗产类型多样性数量特征研究结果

针对类型多度值小的建筑遗产空间单元,提出在适当遗址重塑这类建筑遗

产空间单元的保护策略。

（二）基于各类建筑遗产空间单元形态特征研究成果

在建筑遗产形态方面，结合各类建筑遗产形态特征，提出强化各类建筑形态特征的保护与管理、注重建筑遗产空间单元的历史空间环境修复、对空间单元周边环境风貌的引导与控制的建议；在边界形态方面，针对土著文化类的建筑遗产空间单元视野开阔优势、三线建设文化类的建筑遗产空间单元边界不规整的劣势分别提出相应的保护策略；在结构形态方面，针对各类建筑遗产空间单元特有的空间结构形态特征，提出相应的结构形态保护策略，并指出，在依据充分的情况下，可适当突破划定的空间单元范围，以能包含邻近的文脉信息为原则，确定新的建筑遗产空间单元范围；提出空间单元外环境风貌的适当控制导则。

（三）基于各类建筑遗产空间分布形态特征研究结果

结合历史城垣步道、城市水脉、苗疆古驿道等重要线性要素，提出重现“九门四阁”、塑造特色历史风貌街区、修复城市水脉、重塑城市文脉格局的建议。

第六章

结论与讨论

第一节 结　　论

一、贵阳城建筑遗产类型及多样性分析

在文化线路的视野中，基于苗疆古驿道的形成与发展，可将贵阳城现有的文化分为 5 类，即土著文化类、融合文化类、移民文化类、外国文化类和三线建设文化类。

贵阳城各历史时期的建筑遗产类型丰富，中华人民共和国成立至今都是最多的，有 5 种类型；比较而言，贵阳当代现存的建筑遗产类型多样性指数最高、均匀度指数也最高，但遗憾的是现存建筑遗产多度偏低，仅存 53 处。其中，土著文化类建筑遗产 2 处，融合文化类建筑遗产 9 处，移民文化类建筑遗产 18 处，外国文化类建筑遗产 20 处，三线建设文化类建筑遗产 4 处。

二、贵阳城各类建筑遗产空间单元划定

截至 2021 年，贵阳城内现存有土著文化类建筑遗产空间 2 处，融合文化类建筑遗产空间 6 处(扶风寺、阳明祠和尹道真祠在同一建筑遗产空间单元内)，移民文化类建筑遗产空间 17 处(甲秀楼、涵碧亭和翠微阁在同一建筑遗产空间单元内)，外国文化类建筑遗产空间 20 处，三线建设文化类建筑遗产空间 4 处，共计 49 处建筑遗产空间单元。

三、贵阳城各类建筑遗产空间单元形态特征及多样性

(一)遗产建筑形态特征

土著文化类的台基形式、局部装饰和墙面材质的多样性较好,而平面布局、屋顶形式、屋面形式和屋身形式较单一,总体以传统合院布局、硬山顶或歇山顶、泥灰瓦片屋面和木质结构柱廊风格为主;融合文化类的屋顶形式、屋身形式、局部装饰和建筑材质多样性较好,而平面布局、台基形式和建筑色彩较单一,总体以单体建筑、砖石结构普通台基、灰红色调为主;移民文化类的建筑形态多样性最好,造型最灵活,而平面布局、屋顶形式、屋身形式、台基形式、局部装饰、建筑材质和色彩都具有较多的形式,但总体以中国传统古建筑风格为主,整体风格协调;外国文化类的建筑形态多样性较好,而平面布局形式、屋顶形式、屋身形式、局部装饰、建筑材质和色彩都具有较多的形式,台基形式较为单一,多无台基,但总体建筑风格多变,极具中西合璧式风貌特色;三线建设文化类的建筑形态最单一,平面多以自由围合式布局为主,立面多为硬山顶或平屋顶、无廊、无台基,屋顶材质多以青瓦为主,墙面材质多以现代材质钢型材、砖、石和混凝土为主,色彩以灰白红为主,整体建筑风格追求简洁,无局部装饰。

(二)边界形态特征

就边界规整度而言,土著文化类均属于中形状指数类型,边界规整度适中。融合文化类与移民文化类则多属于低、中形状指数类型,边界规整度较高。外国文化类与三线建设文化类的中、高形状指数类型偏多,边界规整度较低。就边界开阔度而言,土著文化类属于低、中边界密实度类型,开阔度较高。融合文化类与三线建设文化类则大部分属于中、高边界密实度类型,开阔度较低。移民文化类与外国文化类大部分属中边界密实度类型,开阔度适中。整合边界形态的形状指数与密实度,进行边界形态类型多样性分析发现,融合文化类的空间单元边界形态类型最多样,说明这类遗产空间单元所在区域的城市建设活动复杂多样。

(三)结构形态特征

土著文化类的空间斑块类型丰富且分布均匀,各类型斑块面积较大,室外人

行活动空间斑块属于中分维类型，社交空间破碎度适中；融合文化类的空间斑块类型丰富但分布不均匀，其中林地与庭院斑块具有明显面积优势，室外人行活动空间斑块属于中分维类型，社交空间较完整；移民文化类的空间斑块类型分布均匀，斑块面积较大，室外人行活动空间斑块属于中偏高分维类型，社交空间较破碎；外国文化类的空间斑块类型丰富度与均匀度均较低，各类型斑块面积较大，室外人行活动空间斑块属于中偏低分维类型，社交空间较完整；三线建设文化类的空间斑块类型丰富度与均匀度均较低，斑块面积均较小，室外人行活动空间斑块属于中略偏高分维类型，社交空间略为破碎。

四、贵阳城各类建筑遗产空间分布形态特征及多样类型

（一）贵阳城各类建筑遗产空间的地理空间分布形态特征

土著文化类建筑遗产空间单元数目过少，无法形成地理空间三角剖分网络，但依据单元之间的空间距离判断，属于高互通类型；融合文化类的地理空间分布形态属于中互通类型；移民文化类的地理空间分布形态属于高互通类型；外国文化类的地理空间分布形态属于中互通类型；三线建设文化类的地理空间分布形态属于低互通类型。

（二）贵阳城各类建筑遗产空间的城市空间分布形态特征

土著文化类的城市空间分布形态属于高全局-高局部吸引力类型，具有极好的城市空间分布区位优势；融合文化类的城市空间分布形态属于中全局-中局部吸引力类型，城市空间分布区位优势适中；移民文化类的城市空间分布形态属于高全局-中偏高局部吸引力类型，但空间单元分布的吸引力量化指标极差较大，整体而言城市空间分布区位优势较好，但存在空间分布区位优势极差的空间单元；外国文化类的城市空间分布形态属于高全局-高局部吸引力类型，具有很好的城市空间分布区位优势；三线建设文化类的城市空间分布形态属于高全局-高局部吸引力类型，具有极好的城市空间分布区位优势。

五、保护策略探讨

（一）贵阳城建筑遗产空间形态多样性特征成因分析

在苗疆古驿道文化线路视野中，影响贵阳城建筑遗产空间形态特征形成的

主要因素有中央政治集权因素、移民活动因素、商贸活动因素与现代化建设因素。

(二)保护策略

基于建筑遗产类型多样性数量特征，提出濒危类型、稀少类型需要在适当遗址重塑该类建筑遗产空间单元的策略。

基于各类建筑遗产空间单元形态特征：建筑形态特征方面，提出强化各类遗产建筑形态特征的保护与管理、修复建筑遗产空间单元的文脉环境、注重建筑遗产空间单元周边环境风貌引导与控制的建议；边界形态特征方面，针对土著文化类建筑遗产空间视野开阔优势、三线建设文化类建筑遗产空间边界不规整的劣势分别提出相应的保护策略；结构形态特征方面，针对不同建筑遗产空间类型特有的空间结构形态特征，提出不同的建筑遗产空间结构形态特征保护策略。

基于各类建筑遗产空间分布形态特征，提出重现“九门四阁”、修复城市水脉、塑造特色历史风貌街区、重塑城市文脉格局的建议。

第二节　讨　　论

一、创新之处

第一，提出建筑遗产空间单元概念。该概念的引入以城市空间更新实践为契机、城市文脉格局修复为目标导向，它是针对非历史名城的建筑遗产保护命题而提出来的学术概念。该空间单元的划定方式与常见的等距离退让遗产建筑边界的紫线空间划定方式不同，更能体现建筑遗产所能影响到的城市空间范围。

第二，引入文化线路视角，按照保护文化多样性理念对文化线路城市的建筑遗产多样文化类型进行识别。

第三，将文化线路城市的各类建筑遗产空间单元视为有潜在城市文脉关联的群体进行研究。既研究这些建筑遗产空间单元的形态多样性，又研究这些建筑遗产空间分布的形态多样性。

二、不足之处

受时间、精力与能力的限制，本研究还存在诸多不足之处。首先，在样本选取方面，贵阳城历史悠久，曾拥有众多历史遗迹，全面梳理需要大量的时间、精力与足够文献支撑，受资料和时间的限制，本研究仅选择了1589年、1843年、1911年的贵阳城市地图进行建筑遗产点的转译与调研，最终选取了49处建筑遗产空间单元为样本进行研究，难免存在少量建筑遗产空间被遗漏的问题；其次，在量化数据的精确度方面，本研究所绘制的空间二维平面图均以天地图卫星图和实地调研为基础在AutoCAD中绘制所得，受地图精度限制，建筑遗产空间的划定不能百分之百精确，因此其空间量化数据也可能存在一定误差。

三、研究进一步展望

建筑遗产空间形态具有物质与精神的双重属性，包含空间的有形形态与无形形态两个部分。而本研究仅从狭义的有形空间形态定义出发，认为建筑遗产空间形态是在自然、经济、文化等众多因素的综合作用下体现出的物质空间形态，缺乏对建筑遗产空间无形形态的研究与探讨。因此，在下一步研究中，可通过对建筑遗产空间所蕴含的经济、文化和社会等无形形态的探讨，进一步完善贵阳城建筑遗产空间形态多样性研究。

参考文献

[1]兰伟杰,胡敏,赵中枢.历史文化名城保护制度的回顾、特征与展望[J].城市规划学刊,2019,249(2):30-35.

[2]霍晓卫,刘东达,张捷,等.从历史文化名城保护到历史城市保护的思考——以滇中历史城市保护实践为例[J].中国名城,2019,217(10):4-12.

[3]李慧敏,杨豪中.基于(HUL)视域的西安城市历史文化景观整体性保护策略研究[J].华中建筑,2018,36(7):12-14.

[4]程兴国,任云英,高华丽."文化线路"视角下城市文脉要素的层次结构与有机复合[J].华中建筑,2018,36(6):23-25.

[5]楚雅静.基于地域特色的贵阳中心城区城市设计探索[D].西安:西安建筑科技大学,2013.

[6]周承,张羽琼.贵阳历史文化遗产的保护与再利用现状[J].安顺学院学报,2012,14(6):111-113,124.

[7]杨浩祥.文化线路视野下井陉古道遗产保护研究[D].重庆:重庆大学,2015.

[8]吴良镛.人居环境科学导论[M].北京:中国建筑工业出版社,2001.

[9]万建国.现代城市设计理论和方法[M].南京:东南大学出版社,2001.

[10]朱文一.空间·符号·城市:一种城市设计理论[M].北京:中国建筑工业出版社,2011.

[11]田银生,谷凯,陶伟.城市形态学、建筑类型学与转型中的城市[M].北京:科学出版社,2014.

[12]阮仪三,刘浩.苏州平江历史街区保护规划的战略思想及理论探索[J].规划师,1999(1):47-53.

[13]许媛媛.文化遗产保护视野下的古镇空间形态研究[D].西安:西安建筑科技大学,2018.

[14]庄嘉其.基于历史图像分析的清代苏州古城的城市空间研究[D].苏州:苏州大学,2018.

[15]林冬娜.揭阳古城历史公共空间形态特征与保护策略研究[D].广州:华南理工大学,2019.

[16]克力木·买买提.基于遥感和GIS的吐鲁番地区历史文化遗址空间格局分析与景观生态敏感度评价[D].徐州:中国矿业大学,2018.

[17]陈妍婧.GIS技术支持下的汉中历史街区现状综合评估研究[D].西安:西安建筑科技大学,2018.

[18]竺剡瑶.建筑遗产与城市空间整合量化方法研究[M].南京:东南大学出版社,2015.

[19]郑子寒.空间·行为·景象[D].上海:华东理工大学,2019.

[20]杨大伟,黄薇,段汉明.基于元胞自动机模型的城市历史文化街区的仿真[J].西安工业大学学报,2009,29(1):79-83,102.

[21]杨少清.基于CA模型的长春市城市形态研究[D].长春:吉林大学,2017.

[22]王昀.传统聚落结构中的空间概念[M].北京:中国建筑工业出版社,2009.

[23]蒲欣成.传统乡村聚落平面形态的量化研究方法[M].南京:东南大学出版社,2013.

[24]韦松林.村落景观形态实验性分形研究——以云浮大田头村为例[J].广东园林,2015,37(2):13-15.

[25]夏梦晨.天津滨海新区中心区空间形态演变发展研究[D].北京:清华大学,2014.

[26]Ortegon-sanchez A,Tyler N. Constructing a Vision for an ‘ideal’ Future City: a Conceptual Model for Transformative Urban Planning [J]. Transportation Research Procedia,2016,13.

[27]尉榛麟.现代平遥城市空间形态演变研究(1949—2018)[D].西安:西安建筑科技大学,2019.

[28] Mao Lulu, Yan Jiamin, Kang Ao, etc. Conception of Dialogic Green Space——Study on the Communicability of "Park City" Project in Chengdu[C]//Proceedings of 3rd International Symposium on Education, Culture and Social Sciences(ECSS 2021). Hong Kong:BCP,2021:64-73.

[29]Lingyi Shen,Jing Wu,Weiqi Liu. Research on the Renewal of the Historical Ancient City——The Environment and Behavior in the Conservation and Renewal of Songkhla Nang Ngam Road in Thailand[C]//A New Idea for Starting Point of the Silk Road: Urban and Rural Design for Human: Proceedings of the 14th International Conference on Environment-Behavior Studies(EBRA 2020). 武汉:华中科技大学出版社,2020:1894-1900.

[30] Ana P, Maarten VH, David M. Where Do Neighborhood Effects End? Moving to Multiscale Spatial Contextual Effects [J]. Annals of the American Association of Geographers,2022,112(2).

[31]Chen Chen,Tingting Li,Hui He. New Methods and New Technologies of Environmental Behavior Research Under Contemporary Digital Conditions [C]//A New Idea for Starting Point of the Silk Road: Urban and Rural Design for Human: Proceedings of the 14th International Conference on Environment-Behavior Studies(EBRA 2020). 武汉:华中科技大学出版社,2020:168-176.

[32]汤惠敏.从城市空间形态看"城中村"改造[D].昆明:昆明理工大学,2011.

[33]Duan Lufeng. How to Draw on the Urban-rural Space Evolution Experience of Foreign Metropolis for Xi'an? [Z]. Asian Agricultural Research,2013.

[34] Jia Geng, Min Zhao, Fang Qian. Approaches for Mega-Cities to Break Through Path Dependence and Realize Transformation and Innovative Development:A Comparative Study on Shenzhen,Guangzhou,and Tianjin [J]. China City Planning Review,2019,28(3):56-66.

[35] He Xiong, Yang Zijiang, Zhang Kun. Research on Urban Expansion Methods Based on Lacunarity Index [C]//Proceedings of 2019 2nd

International Conference on Geoinformatics and Data Analysis (ICGDA 2019). New York: ACM, 2019: 94-99.

[36]杨彧. 我国大城市空间组织重构研究[D]. 长春:东北师范大学,2018.

[37]王东民. 贵州的古城[J]. 贵州文史丛刊,1989(4):65,128-133.

[38]汤芸,张原,张建. 从明代贵州的卫所城镇看贵州城市体系的形成机理[J]. 西南民族大学学报(人文社科版),2009,30(10):7-12.

[39]范松. 贵山之南　筑城记忆[J]. 当代贵州,2012,214(10):14-18.

[40]马琦,韩昭庆,孙涛. 明清贵州插花地研究[J]. 复旦学报(社会科学版),2010(6):122-128.

[41]谢红生. 贵阳地名源流[J]. 贵阳文史,2011,130(6):74-77.

[42]苏维词. 贵阳城市地域结构演变及其环境效应[J]. 地域研究与开发,2000(2):54-58.

[43]黄成栋. 贵阳有文化符号的十六座老石桥[J]. 贵阳文史,2016,155(1):68-71.

[44]杨钧月,周捷,方秋铧. 大数据下贵阳老城区文化街道塑造方法探究[J]. 教育文化论坛,2019,11(5):34-39.

[45]吴熙. "疏老城"背景下的城市历史人文保护思考——以贵阳老城保护为例[J]. 城市建筑,2019,16(36):32-33.

[46]单霁翔. 关注新型文化遗产——文化线路遗产的保护[J]. 中国名城,2009,91(5):4-12.

[47]戴湘毅,李为,刘家明. 中国文化线路的现状、特征及发展对策研究[J]. 中国园林,2016,32(9):77-81.

[48]林祖锐,赵霞,周维楠. 我国"文化线路"研究现状与展望[J]. 遗产与保护研究,2017,2(7):18-24.

[49]李伟,俞孔坚. 世界文化遗产保护的新动向——文化线路[J]. 城市问题,2005(4):7-12.

[50]戴湘毅,姚辉. 国际文化线路理念演进及中国的实践[J]. 首都师范大学学报(社会科学版),2017,234(1):78-87.

[51]俞孔坚,李迪华,李伟.京杭大运河的完全价值观[J].地理科学进展,2008(2):1-9.

[52]阙维民,宋天颖.京西古道的遗产价值与保护规划建议[J].中国园林,2012,28(3):84-88.

[53]白瑞,殷俊峰,尤涛.河南省大运河遗产特性研究——以滑县至浚县段为例[J].中国名城,2012,133(10):67-72.

[54]汪芳,廉华.线型旅游空间研究——以京杭大运河为例[J].华中建筑,2007,122(8):108-112.

[55]王立国,陶犁,张丽娟,等.文化廊道范围计算及旅游空间构建研究——以西南丝绸之路(云南段)为例[J].人文地理,2012,27(6):36-42.

[56]郭卫宏,李宾,张雨晴,等.溉洞文化线路上南平村振兴研究[J].风景园林,2020,27(3):118-122.

[57]王景慧.文化线路的保护规划方法[J].中国名城,2009,93(7):10-13.

[58]镇淑娟,白瑾,周欣,等.文化线路遗产中重要节点的保护性开发策略研究——以湖北省咸宁市羊楼洞规划设计为例[C]//中国风景园林学会2014年会论文集(上册).北京:中国建筑工业出版社,2014:232-235.

[59]李效梅,杨志强,杜佳."文化贵州"视域中的"古苗疆走廊"解读及其研究范式建构[J].民族论坛,2018,395(1):95-100.

[60]刘怡,雷耀丽.文化线路视域下陇海铁路沿线(关中段)纺织工业遗产保护[J].建筑与文化,2020,200(11):101-103.

[61]薛林平.建筑遗产保护概论[M].北京:中国建筑工业出版社,2017.

[62]杨志强,赵旭东,曹端波.重返"古苗疆走廊"——西南地区、民族研究与文化产业发展新视阈[J].中国边疆史地研究,2012,22(2):1-13,147.

[63]姚雅欣,李小青."文化线路"的多维度内涵[J].文物世界,2006(1):9-11.

[64]罗皓,张崴,刘磊.基于历史地图解译的崇州罨画池水系演变研究[J].中国园林,2019,35(2):133-138.

[65]Mark Vellend.生态群落理论[M].张健,等译.北京:高等教育出版社,2020,7.

[66]张金屯.数量生态学[M].北京:科技出版社,2004.
[67]杨志强.文化建构、认同与"古苗疆走廊"[J].贵州大学学报(社会科学版),2012,30(6):103-109.
[68]王士性.五岳游草·广志绎[M].北京:中华书局,2006.
[69]曹端波.明代"苗疆走廊"的形成与贵州建省[J].广西民族大学学报(哲学社会科学版),2014,36(3):14-21.
[70]夏骥.贵州"一线路"古驿道遗产特征及保护策略研究[D].贵阳:贵州大学,2019.
[71]李化龙.平播全书[M].北京:中华书局,1985:22.
[72]胡振.历史军事地理视野下的明代贵州"古苗疆走廊"[J].原生态民族文化学刊,2017,9(3):114-121.
[73]刘正品.漫说老贵阳之九门四阁十四关[J].理论与当代,2004(10):48-49.
[74]杨志强."苗疆":"国家化"进程中的中国西南少数民族社会[N].中国民族报,2018-1-5.
[75]谢东山修,张道纂.贵州通志[M].成都:西南交通大学出版社,2018.
[76]杨志强,安芮.南方丝绸之路与苗疆走廊——兼论中国西南的"线性文化空间"问题[J].社会科学战线,2018,282(12):9-19,281.
[77]联合调研组.合力加快苗疆文化走廊建设[N].贵州日报,2018-1-10.
[78]李建,董卫.古代城市地图转译的历史空间整合方法——以杭州市古代城市地图为例[J].城市规划学刊,2008(2):93-98.
[79]陈薇.历史城市保护方法一探:从古代城市地图发见——以南京明城墙保护总体规划的核心问题为例[J].建筑师,2013,163(3):75-85.
[80]谭瑛,张涛,杨俊宴.基于数字化技术的历史地图空间解译方法研究[J].城市规划,2016,40(6):82-88.
[81]Vellend Mark.生态群落理论[M].北京:高等教育出版社,2020.
[82]孟晓惠,张永.历史文化景观空间保护与规划设计要素系统研究[J].文化学刊,2018,91(5):127-130.
[83]浦欣成.传统乡村聚落二维平面整体形态的量化方法研究[D].杭州:浙江

大学,2012.
[84]王佳林.渤海南域民居基因图谱构建及其转换应用研究[D].大连:大连理工大学,2021.
[85]董一帆.传统乡村聚落平面边界形态的量化研究[D].杭州:浙江大学,2018.
[86]比尔·希利尔.空间是机器——建筑组构理论[M].北京:中国建筑工业出版社,2008.
[87]吴子豪,方奕璇,石张睿.基于空间句法的历史文化街区空间形态研究——以苏州阊门历史文化街区为例[J].建筑与文化,2019,189(12):36-38.
[88]袁盈.基于空间句法的街巷空间形态研究——以厦门中山路街区为例[J].中外建筑,2015,170(6):62-65.
[89]龙志贵.贵阳文昌阁[J].古建园林技术,1985(2):53-54.
[90]高燕妮.文化线路视角下的历史城镇活态化策略研究[D].重庆:重庆大学,2019.

附　　录

附录 A　贵阳城建筑遗产统计表

序号	名称	地址	遗产类型	遗产等级	现存情况	修建年代	消失年代	录入依据
1	达德学校旧址（忠烈宫、黑神庙）	南明区中华南路	土著文化类	国家级文物保护单位	现存	元	—	2005 年《贵阳市云岩区志》
2	宣慰司	云岩区中华中路西	土著文化类	—	消失	元	明	1589 年、1843 年、1911 年贵阳城城市地图
3	都司	南明区都司路北	土著文化类	—	消失	元	明	1589 年、1843 年、1911 年贵阳城城市地图
4	贵筑县署	南明区都司路	融合文化类	—	消失	元	近代	《贵州通志》
5	文明书院	南明区市府路	融合文化类	—	消失	元	明	明弘治《贵州图经新志》
6	鼓楼	云岩区省府西路北	移民文化类	—	消失	元	明	1589 年、1843 年、1911 年贵阳城城市地图
7	关羽庙	也治城内南	移民文化类	—	消失	元	清	明弘治《贵州图经新志》
8	关帝庙（两座）	在治城中	移民文化类	—	消失	元	清	明弘治《贵州图经新志》
9	鬼王洞（孔明洞）	城内西南隅永祥寺下，今博爱路六洞街	移民文化类	—	消失	元	近代	明弘治《贵州图经新志》
10	大兴寺（附武庙）	大十字中华南路东侧	移民文化类	—	消失	元	1931 年	明弘治《贵州图经新志》
11	大道观	大十字中山东路北面	移民文化类	—	消失	元	1939 年	明弘治《贵州图经新志》
12	飞山庙（威远侯庙）	云岩区飞山街	土著文化类	—	消失	明	1958 年	明弘治《贵州图经新志》
13	马王庙	南明区都司路	土著文化类	—	消失	明	清	明弘治《贵州图经新志》
14	宣慰司学	云岩区富水北路	土著文化类	—	消失	明	明	1589 年、1843 年、1911 年贵阳城城市地图

续表

序号	名称	地址	遗产类型	遗产等级	现存情况	修建年代	消失年代	录入依据
15	贵竹司	云岩区省府西路北	土著文化类	—	消失	明	清	1589年、1843年、1911年贵阳城城市地图
16	巡抚都察院署	云岩区省府路	融合文化类	—	消失	明成化年间	近代	《贵州通志》
17	布政使司署	云岩区贯城河东岸	融合文化类	—	消失	明永乐年间	近代	《贵州通志》
18	按察使司署	南明区中山西路中段	融合文化类	—	消失	明永乐年间	近代	《贵州通志》
19	贵阳府署	南明区人民大道东	融合文化类	—	消失	明隆庆年间	近现代	《贵州通志》
20	察院	云岩区中山东路北	融合文化类	—	消失	明	明	1589年、1843年、1911年贵阳城城市地图
21	总兵府	南明区富水南路东	融合文化类	—	消失	明	明	1589年、1843年、1911年贵阳城城市地图
22	贵州卫	南明区人民大道东	融合文化类	—	消失	明	明	1589年、1843年、1911年贵阳城城市地图
23	贡院	南明区遵义路西	融合文化类	—	消失	明	清	1589年、1843年、1911年贵阳城城市地图
24	新贵县	南明区护国路	融合文化类	—	消失	明	明	1589年、1843年、1911年贵阳城城市地图
25	按察司	南明区都司路南	融合文化类	—	消失	明	清	1589年、1843年、1911年贵阳城城市地图
26	游击府	云岩区黔灵西路	融合文化类	—	消失	明	明	1589年、1843年、1911年贵阳城城市地图
27	贵阳府学	云岩区中山西路	融合文化类	—	消失	明成化年间	清	《贵州通志》
28	前卫	云岩区飞山街	融合文化类	—	消失	明	明	1589年、1843年、1911年贵阳城城市地图
29	海潮寺（旧名水月寺）	南明区观水巷省水电厅	融合文化类	—	消失	明	清	明弘治《贵州图经新志》
30	四先生祠	府城北	融合文化类	—	消失	明	清	明弘治《贵州图经新志》
31	忠勲祠（忠勋祠）	府城东	融合文化类	—	消失	明	清	明弘治《贵州图经新志》
32	钟鼓楼（谯楼）	中华中路北勇烈路	移民文化类	—	消失	明	1980	明弘治《贵州图经新志》
33	双土地庙	南明区阳明路	融合文化类	—	消失	明	清	明弘治《贵州图经新志》
34	旗纛庙	都司内	融合文化类	—	消失	明	清	明弘治《贵州图经新志》
35	文昌阁（四座）	府城内	移民文化类	—	消失	明	近代	2005年《贵阳市云岩区志》

续表

序号	名称	地址	遗产类型	遗产等级	现存情况	修建年代	消失年代	录入依据
36	文昌阁(五座)	云岩区文昌北路	移民文化类	国家级文物保护单位	现存	明万历三十七年(1609年)	—	2005年《贵阳市云岩区志》
37	甲秀楼	南明区翠微巷南明河上	移民文化类	国家级文物保护单位	现存	明万历二十六年(1598年)	—	2008年《贵阳市南明区志》
38	炎帝宫(火神庙)	贵阳市第五中学校址	移民文化类	—	消失	崇祯年间	近代	明弘治《贵州图经新志》
39	相宝山(毗尼寺、相宝山寺、屏山寺)	云岩区宝相宝山	移民文化类	市级文物保护单位	现存	明	1958年	明弘治《贵州图经新志》
40	贵阳府学宫(孔子庙、文庙)	云岩区延安中路	移民文化类	—	消失	明	近代	明弘治《贵州图经新志》
41	东山寺(东庵、栖霞寺)	云岩区东山公园	移民文化类	市级文物保护单位	现存	明嘉靖	—	2005年《贵阳市云岩区志》
42	翠微阁(南庵、圣寿寺、武侯祠、观音寺、万佛寺)	南明区翠微巷	移民文化类	市级文物保护单位	现存	明弘治年间	—	2008年《贵阳市南明区志》
43	城隍庙	云岩区大同街(旧名铜匠街)	移民文化类	—	消失	明初	近代	明弘治《贵州图经新志》
44	永祥寺	南明区遵义路	移民文化类	—	消失	明成化六年大监郑忠重建	1958年	明弘治《贵州图经新志》
45	祖师庙	云岩区渔安村	移民文化类	—	消失	明	清	2005年《贵阳市云岩区志》
46	青龙寺	云岩区改茶村	移民文化类	—	消失	明	清	2005年《贵阳市云岩区志》
47	祖师庙	云岩区渔安村	移民文化类	—	消失	明	清	2005年《贵阳市云岩区志》

续表

序号	名称	地址	遗产类型	遗产等级	现存情况	修建年代	消失年代	录入依据
48	三教寺	云岩区洪边里	移民文化类	—	消失	明	清	2005年《贵阳市云岩区志》
49	潮音寺	云岩区永安寺街	移民文化类	—	消失	明末清初	清	明弘治《贵州图经新志》
50	仙人洞	南明区仙人洞路	移民文化类	市级文物保护单位	现存	明	—	2008年《贵阳市南明区志》
51	黔明寺	南明区阳明路	移民文化类	省级文物保护单位	现存	明末	—	2008年《贵阳市南明区志》
52	铜佛寺(净土寺)	今贵阳市合群路铜佛巷10号	移民文化类	—	消失	崇祯十六年	文化大革命期间	明弘治《贵州图经新志》
53	万寿寺(宝晖寺)	云岩区电台街	移民文化类	—	消失	明初	近代	明弘治《贵州图经新志》
54	永兴寺	云岩区宅吉坝	移民文化类	—	消失	明初	清	明弘治《贵州图经新志》
55	川主庙	在治城中	移民文化类	—	消失	明崇祯年间	民	明弘治《贵州图经新志》
56	夏国公祠	南明区阳明路南端	移民文化类	—	消失	明永乐十二年	清	明弘治《贵州图经新志》
57	晏公庙	在治城中	移民文化类	—	消失	明	清	明弘治《贵州图经新志》
58	关羽庙	在治城南三里	移民文化类	—	消失	明弘治年间	清	明弘治《贵州图经新志》
59	龙王庙	云岩区龙井巷	移民文化类	—	消失	明	清	明弘治《贵州图经新志》
60	祖师观	云岩区喷水池	移民文化类	—	消失	明	清	明弘治《贵州图经新志》
61	太乙祠	云岩区宅吉坝	移民文化类	—	消失	明	清	明弘治《贵州图经新志》
62	崇真阁	云岩区宅吉坝	移民文化类	—	消失	明	清	明弘治《贵州图经新志》
63	斗母阁	云岩区东山	移民文化类	—	消失	明	清	明弘治《贵州图经新志》
64	风伯庙	云岩区龙井巷	移民文化类	—	消失	明	清	明弘治《贵州图经新志》
65	三官殿	云岩区三民东路	移民文化类	—	消失	明	清	明弘治《贵州图经新志》
66	南岳山道观	南岳山	移民文化类	—	消失	明	近现代	明弘治《贵州图经新志》
67	东岳庙	民权路	移民文化类	—	消失	明	近现代	明弘治《贵州图经新志》

续表

序号	名称	地址	遗产类型	遗产等级	现存情况	修建年代	消失年代	录入依据
68	东山三省寺（法云寺）	在府城西门外	移民文化类	—	消失	明	清	明弘治《贵州图经新志》
69	石林精舍（杨龙友故居）	南明区石岭街	移民文化类	—	消失	明万历年间	清	明弘治《贵州图经新志》
70	江阁（越王岑）	南明区石岭街	移民文化类	—	消失	明	清	明弘治《贵州图经新志》
71	吟望亭（李承明）	南明区石岭街	移民文化类	—	消失	明	清	明弘治《贵州图经新志》
72	远条堂（谢君采）	南明区石岭街	移民文化类	—	消失	明	清	明弘治《贵州图经新志》
73	吉祥寺	中华南路	移民文化类	—	消失	明天启元年（1621年）	近代	明弘治《贵州图经新志》
74	真武庙	原北门城楼	移民文化类	—	消失	明万历	清	明弘治《贵州图经新志》
75	指月堂	护国路指月街	移民文化类	—	消失	明	抗日战争年间	明弘治《贵州图经新志》
76	来仙阁（雪涯洞、薛家洞）	雪涯路北段	移民文化类	—	消失	明	20世纪50年代	明弘治《贵州图经新志》
77	观风台	观山路南侧观风山	移民文化类	市级文物保护单位	现存	明万历三十二年	—	2008年《贵阳市南明区志》
78	麒麟洞（白衣庵、唐山洞、云岩洞）	黔灵公园内	移民文化类	省级文物保护单位	现存	明中叶	—	2005年《贵阳市云岩区志》
79	白衣庵	府城内东门附近	移民文化类	—	消失	明	清	明弘治《贵州图经新志》
80	朝阳洞（朝羊洞）	南明区片子山	移民文化类	—	消失	明	1939年	明弘治《贵州图经新志》
81	新忠烈宫	人民大道	土著文化类	—		清	近代	清道光《贵州通志》
82	墨神庙	在治城中	土著文化类	—	消失	清	清	清道光《贵州通志》
83	君子亭	云岩区文昌北路	融合文化类	省级文物保护单位	现存	清	—	2005年《贵阳市云岩区志》

续表

序号	名称	地址	遗产类型	遗产等级	现存情况	修建年代	消失年代	录入依据
84	阳明祠	云岩区东山路	融合文化类	国家级文物保护单位	现存	清	—	2005年《贵阳市云岩区志》
85	贵山书院	省府路石板街	融合文化类	—	消失	清雍正十三年	清	清乾隆《贵州通志》
86	唐园	云岩区堰塘路	融合文化类	—	消失	清嘉庆	现代	清道光《贵州通志》
87	尚节堂	南明区箭道街	融合文化类	—	消失	清道光年间	现代	清道光《贵州通志》
88	贾顾氏节孝坊	南明区营盘路口	融合文化类	市级文物保护单位	现存	1871年（清同治年间）	—	2008年《贵阳市南明区志》
89	高张氏节孝坊	南明区南岳巷	融合文化类	—	现存	1841年（清道光年间）	—	清道光《贵州通志》
90	先农坛	城东东山下	融合文化类	—	消失	雍正五年	清	清道光《贵州通志》
91	田公祠	府城内	融合文化类	—	消失	清	清	清道光《贵州通志》
92	王公祠	府城南门外	融合文化类	—	消失	康熙十九年建	清	清道光《贵州通志》
93	甘公祠	府城南门外五里	融合文化类	—	消失	康熙十二年	清	清道光《贵州通志》
94	节孝祠	府城南门外	融合文化类	—	消失	雍正元年	清	清道光《贵州通志》
95	贤良祠	府城南门外	融合文化类	—	消失	雍正十年	清	清道光《贵州通志》
96	厲坛	在府城外西北隅	融合文化类	—	消失	清	清	清道光《贵州通志》
97	社稷坛	府城西一里	融合文化类	—	消失	清	清	清道光《贵州通志》
98	鹿公祠	护国路东面	融合文化类	—	消失	清光绪二十一年(1893年)	近代	清道光《贵州通志》
99	风云雷雨山川坛	在府城东一里	融合文化类	—	消失	雍正九年	清	清道光《贵州通志》
100	辛亥革命新军营旧址	南明区南岳山下	融合文化类	—	消失	清光绪年间	近代	现场考察及相关资料调研
101	提学使司署	南明区中华南路南端	融合文化类	—	消失	清顺治年间	近代	《贵州通志》

续表

序号	名称	地址	遗产类型	遗产等级	现存情况	修建年代	消失年代	录入依据
102	粮署道署	南明区科学路	融合文化类	—	消失	清	近代	《贵州通志》
103	学政署	南明区中华南路北	融合文化类	—	消失	明	明	1589年、1843年、1911年贵阳城城市地图
104	县学宫	云岩区文昌北路西	融合文化类	—	消失	清	明	1589年、1843年、1911年贵阳城城市地图
105	刘荫枢祠(刘公祠、龙门书院)	翠微园内	移民文化类	—	消失	清	文化大革命期间	清道光《贵州通志》
106	丁公祠	雪涯洞侧	移民文化类	—	消失	光绪十四年	20世纪50年代	清道光《贵州通志》
107	江南会馆	贵阳宝山北路九华村	移民文化类	—	消失	清初	清	清道光《贵州通志》
108	浙江会馆	老东门小学校址	移民文化类	—	消失	道光八年	清	清道光《贵州通志》
109	万寿宫(江西会馆)	云岩区太平路	移民文化类	—	消失	康熙十九年	现代	清道光《贵州通志》
110	两广会馆	南明区遵义路	移民文化类	—	消失	清光绪元年(1875年)	现代	清道光《贵州通志》
111	秦晋会馆(陕西会馆、报国寺)	陕西路	移民文化类	—	消失	康熙二十五年	现代	清道光《贵州通志》
112	迎恩寺	府城南门外	移民文化类	—	消失	清	清	清道光《贵州通志》
113	竹林寺	城南箭道街	移民文化类	—	消失	清	清	清道光《贵州通志》
114	财神庙	云岩区黔灵东路	移民文化类	—	消失	清乾隆	清	清乾隆《贵州通志》
115	五显庙(四座)	云岩区毓秀巷	移民文化类	—	消失	清	清	清道光《贵州通志》
116	关帝庙(四座)	云岩区头桥	移民文化类	—	消失	清	清	清道光《贵州通志》
117	地藏庵	云岩区永乐路	移民文化类	—	消失	清中叶	清	清道光《贵州通志》
118	白鹦庵	云岩区白鹦巷	移民文化类	—	消失	清	清	清道光《贵州通志》

续表

序号	名称	地址	遗产类型	遗产等级	现存情况	修建年代	消失年代	录入依据
119	般若茅蓬	云岩区筑东路	移民文化类	—	消失	清中叶	清	清道光《贵州通志》
120	紫林庵	云岩区紫林庵	移民文化类	—	消失	清	1926 年	清道光《贵州通志》
121	晉禄寺	云岩区民生路	移民文化类	—	消失	雍正年间	清	清道光《贵州通志》
122	九华宫	在府城东	移民文化类	—	消失	清	清	清道光《贵州通志》
123	大慈庵(大佛寺)	云岩区黔灵山	移民文化类	—	消失	清	清	清道光《贵州通志》
124	普照寺	云岩区省府路	移民文化类	—	消失	康熙年间	清	清道光《贵州通志》
125	如意庵	霓虹桥侧	移民文化类	—	消失	清	清	清道光《贵州通志》
126	镇獒寺	在南门左	移民文化类	—	消失	清	清	清道光《贵州通志》
127	涵碧亭	南明区翠微巷	移民文化类	—	现存	清乾隆四十一年(1776 年)	—	2008 年《贵阳市南明区志》
128	天后宫(福建会馆)	南明区六洞街	移民文化类	—	消失	清	清	清道光《贵州通志》
129	华严寺	南明区阳明路(双土地街	移民文化类	—	消失	清	清	清道光《贵州通志》
130	两湖会馆	中华南路百花剧院	移民文化类	—	消失	清	清	清道光《贵州通志》
131	永安寺	云岩区宅吉坝	移民文化类	—	消失	康熙年间	清	清道光《贵州通志》
132	旌阳祠	府城内	移民文化类	—	消失	康熙六年	清	清道光《贵州通志》
133	福黔潤澤龙王庙	府城内北隅龙井旁	移民文化类	—	消失	雍正五年	清	清道光《贵州通志》
134	三義庙(三义庙)	在府城西南隅	移民文化类	—	消失	清	清	清道光《贵州通志》
135	灵官阁(两座)	在治城中	移民文化类	—	消失	清	清	清道光《贵州通志》
136	贵筑县学(孔庙、文庙)	云岩区忠烈街 9 号	移民文化类	—	消失	康熙三十八年	清	清道光《贵州通志》
137	文昌宫	在治城中	移民文化类	—	消失	嘉庆六年	清	清道光《贵州通志》

续表

序号	名称	地址	遗产类型	遗产等级	现存情况	修建年代	消失年代	录入依据
138	岑公祠	阳明街	移民文化类	—	消失	清	近代	清道光《贵州通志》
139	讲武堂	瑞金南路北侧	融合文化类	—	消失	光绪二十六	近代	清道光《贵州通志》
140	娘娘庙	指月街	移民文化类	—	消失	清嘉庆初	近代	清道光《贵州通志》
141	汉相祠	南明区汉相街达德学校部份	移民文化类	—	消失	光绪十年	辛亥革命	清道光《贵州通志》
142	般若寺	北横街	移民文化类	—	消失	清	1993 年	清道光《贵州通志》
143	状元府(曹维城故居)	南明区曹状元街	移民文化类	—	消失	清康熙四十三年(1703 年)	1992 年	清乾隆《贵州通志》
144	禹王宫(湖北会馆)	南明区市府路小学	移民文化类	—	消失	清	1929 年	清道光《贵州通志》
145	正本书院(北书院)	北横巷	移民文化类	—	消失	嘉庆五年	清	清道光《贵州通志》
146	正习书院(南书院、学古书院、经世学堂)	会文巷与护国路交叉口	移民文化类	—	消失	清嘉庆五年(1800 年)	辛亥革命期间	清道光《贵州通志》
147	濂溪书院	旧时中华南路	移民文化类	—	消失	清雍正	清	清道光《贵州通志》
148	斗姆阁	原南门内的永祥寺旁	移民文化类	—	消失	明末以后	清	清道光《贵州通志》
149	燧皇宫	都司桥华光巷内	移民文化类	—	消失	清乾隆	现代	清乾隆《贵州通志》
150	北五省会馆(指山西、陕西、河北、河南、山东五省的会馆)	富水南路	移民文化类	—	消失	清乾隆	1939 年	清乾隆《贵州通志》

续表

序号	名称	地址	遗产类型	遗产等级	现存情况	修建年代	消失年代	录入依据
151	观音寺	云岩区宅吉坝	移民文化类	—	消失	清	清	清道光《贵州通志》
152	观音庵	护国路	移民文化类	—	消失	清乾隆三十年	1994 年	清乾隆《贵州通志》
153	扶风寺(扶风山寺)	东郊扶风山麓	融合文化类	—	现存	清	现代	清道光《贵州通志》
154	天驷宫	马王庙	移民文化类	—	消失	清	清	清道光《贵州通志》
155	轩辕宫	云岩区市北小学	移民文化类	—	消失	清朝道光年间	现代	清道光《贵州通志》
156	药王宫(药王庙、延寿堂)	南明区博爱路教育局	移民文化类	—	消失	清朝康熙六年	现代	清道光《贵州通志》
157	皇经阁	云岩区省府路小学	移民文化类	—	消失	清	近代	清道光《贵州通志》
158	玉皇阁(永福观)	城基巷	移民文化类	—	消失	清	1958 年	清道光《贵州通志》
159	灵官阁	云岩区普陀路	移民文化类	—	消失	清乾隆年间	近代	清乾隆《贵州通志》
160	尹道珍祠	云岩区东山路	融合文化类	市级文物保护单位	现存	清	—	2005 年《贵阳市云岩区志》
161	观音洞	南明区青年路	移民文化类	市级文物保护单位	现存	清	—	2008 年《贵阳市南明区志》
162	水口寺	南明区水口寺小学	移民文化类	—	消失	清朝嘉庆年间	抗日战争时期	清道光《贵州通志》
163	弘福寺	云岩区黔灵山公园	移民文化类	省级文物保护单位	现存	清康熙十一年(1672 年)	—	2005 年《贵阳市云岩区志》
164	三元宫(三官庙)	中山西路贵阳美术馆旁	移民文化类	市级文物保护单位	现存	清朝嘉庆年间	—	2005 年《贵阳市云岩区志》
165	寿佛寺(寿福寺、湖南会馆)	旧时中华南路	移民文化类	—	消失	清顺治年	现代	清道光《贵州通志》

续表

序号	名称	地址	遗产类型	遗产等级	现存情况	修建年代	消失年代	录入依据
166	檀香寺	云岩区黔灵东路	移民文化类	—	消失	清康熙八年至十二年（1669—1673年）	近代	清乾隆《贵州通志》
167	高家花园（中共贵州省工委旧址）	云岩区文笔街	移民文化类	省级文物保护单位	现存	清	—	2005年《贵阳市云岩区志》
168	觉园禅院（普贤庵、长生庵）	云岩区富水北路	移民文化类	—	现存	清	—	2005年《贵阳市云岩区志》
169	观音寺	云岩区茶店村	移民文化类	—	消失	清	近代	2005年《贵阳市云岩区志》
170	云南会馆	和平路第九幼儿园	移民文化类	—	消失	清	近代	2005年《贵阳市云岩区志》
171	青龙寺	云岩区改茶村	移民文化类	—	消失	清	近代	2005年《贵阳市云岩区志》
172	约瑟堂遗址	云岩区省植物园约瑟山上	外国文化类	—	消失	1882年	近代	2005年《贵阳市云岩区志》
173	吾乐之缘圣母堂	云岩区环翠茶苑内环翠阁下方	外国文化类	—	消失	1874年	近代	2005年《贵阳市云岩区志》
174	鹿冲关修道院（六冲关圣母堂）	云岩区省植物园内	外国文化类	省级文物保护单位	现存	1854年	—	2005年《贵阳市云岩区志》
175	清真寺	云岩区团结巷	外国文化类	市级文物保护单位	现存	清	—	2005年《贵阳市云岩区志》
176	贵阳北天主教堂	云岩区和平路	外国文化类	市级文物保护单位	现存	清	—	2005年《贵阳市云岩区志》

续表

序号	名称	地址	遗产类型	遗产等级	现存情况	修建年代	消失年代	录入依据
177	圣斯德望堂（真福堂、贵阳新华路天主教堂）	南明区新华路	外国文化类	—	消失	清	1958年	清道光《贵州通志》
178	南天主教堂（圣类思堂）	博爱路博爱公寓	外国文化类	—	消失	咸丰十年	近代	清道光《贵州通志》
179	金井街布道场（贵阳市基督教富水北路福音堂）	云岩区富水中路同街口对面	外国文化类	—	消失	光绪九年	近代	清道光《贵州通志》
180	坡者庵	云岩区毓秀路区政府大楼后	外国文化类	—	消失	清	近代	清道光《贵州通志》
181	清真义园（回民公墓）	云岩区周家山顶	外国文化类	—	消失	清	1956年	清道光《贵州通志》
182	福音堂	云岩区慈善巷	外国文化类	—	消失	光绪十三年	民国	清道光《贵州通志》
183	棠荫亭	云岩区贵阳第五中学内	融合文化类	市级文物保护单位	现存	1932年	—	2005年《贵阳市云岩区志》
184	地母洞	云岩区鹿冲关森林公园内文澜山南侧	融合文化类	市级文物保护单位	现存	近代	—	2005年《贵阳市云岩区志》
185	文殊寺	云岩区虎门巷	移民文化类	—	消失	近代	1946年	《贵州通志》
186	南明堂	贵阳市区东南面南明河河湾最深处	移民文化类	—	消失	1938年	—	《贵州通志》
187	蟠桃宫	宝山南路与晒田坝路交会处	移民文化类	—	消失	1919年	1949年	《贵州通志》
188	普渡寺	云岩区友谊路	移民文化类	—	消失	近代	—	《贵州通志》

续表

序号	名称	地址	遗产类型	遗产等级	现存情况	修建年代	消失年代	录入依据
189	普法寺	云岩区永乐路	移民文化类	—	消失	近代	—	《贵州通志》
190	刘统之先生祠	南明区白沙巷	移民文化类	省级文物保护单位	现存	1917 年	—	2008 年《贵阳市南明区志》
191	刘氏支祠	云岩区电台街	移民文化类	市级文物保护单位	现存	1917 年	—	2005 年《贵阳市云岩区志》
192	大觉精舍（华家阁楼）	云岩区中支街道办事处辖区电台街	移民文化类	省级文物保护单位	现存	1924 年	—	2005 年《贵阳市云岩区志》
193	贵阳圣安德烈堂（救主堂、和平堂）	南明区中山西路	外国文化类	—	消失	20 世纪 40 年代初	近代	《贵州通志》
194	贵阳基督教堂（警世堂）	云岩区黔灵西路	外国文化类	区县级文物保护单位	现存	1927 年	—	2005 年《贵阳市云岩区志》
195	贵州省政法大楼旧址	云岩区园通街	外国文化类	省级文物保护单位	现存	近代	—	2005 年《贵阳市云岩区志》
196	虎峰别墅	云岩区中山东路	外国文化类	省级文物保护单位	现存	近代	—	2005 年《贵阳市云岩区志》
197	王伯群旧居	南明区都司高架桥路	外国文化类	省级文物保护单位	现存	1917 年	—	2008 年《贵阳市南明区志》
198	贵州银行旧址	云岩区中山西路	移民文化类	省级文物保护单位	现存	1912 年	—	2005 年《贵阳市云岩区志》
199	毛光翔公馆	云岩区中华北路	外国文化类	省级文物保护单位	现存	1926—1930 年	—	2005 年《贵阳市云岩区志》
200	戴蕴珊别墅	南明区曹状元街	外国文化类	市级文物保护单位	现存	近代	—	2008 年《贵阳市南明区志》

续表

序号	名称	地址	遗产类型	遗产等级	现存情况	修建年代	消失年代	录入依据
201	民国英式别墅	南明区南明东路	外国文化类	市级文物保护单位	现存	近代	—	2008年《贵阳市南明区志》
202	金桥大饭店	贵阳市南明区瑞金中路24号	外国文化类		现存	1961年	—	现场考察及相关资料调研
203	老百货大楼	云岩区中华中路	外国文化类	—	消失	1953年	2015年	现场考察及相关资料调研
204	海关大楼主楼	南明区遵义路	外国文化类	贵阳市第一批历史建筑	现存	1978年	—	贵阳市第一批历史建筑名录
205	贵州医科大学第一住院部前楼	云岩区贵医路28号	外国文化类	贵阳市第一批历史建筑	现存	1956年	—	贵阳市第一批历史建筑名录
206	邮电大楼	贵阳市南明区中华南路90号	外国文化类	—	现存	近现代	—	现场考察及相关资料调研
207	贵州省博物馆旧址	贵州省贵阳市云岩区北京路168号	外国文化类	省级文物保护单位	现存	1958年	—	2005年《贵阳市云岩区志》
208	贵阳师范学院建筑群	云岩区宝山北路116号	外国文化类	市级文物保护单位	现存	近现代	—	2005年《贵阳市云岩区志》
209	贵阳医学院	云岩区北京路	外国文化类	—	现存	近现代	—	现场考察及相关资料调研
210	贵州财经学院旧址	南明区贵惠路	外国文化类	—	现存	近现代	—	现场考察及相关资料调研
211	解放路小学旧址	南明区银花巷	外国文化类	—	现存	1963年	—	现场考察及相关资料调研
212	贵州省冶金厅旧址	南明区宝山南路	外国文化类	—	现存	1966年	—	现场考察及相关资料调研
213	向阳机床厂旧址	云岩区罗汉营路	三线建设文化类	—	现存	2003年	—	现场考察及相关资料调研
214	贵州乌江水泥厂旧址	南明区甘荫塘	三线建设文化类	—	现存	1958年	—	现场考察及相关资料调研

续表

序号	名称	地址	遗产类型	遗产等级	现存情况	修建年代	消失年代	录入依据
215	贵州黔灵印刷厂旧址	云岩区鲤鱼街	三线建设文化类	—	现存	1994 年	—	现场考察及相关资料调研
216	电池厂旧址	南明区庙冲路	三线建设文化类	—	现存	1991 年	—	现场考察及相关资料调研
217	贵州民族文化宫	贵州省贵阳市南明区箭道街 23 号	土著文化类	贵阳市第一批历史建筑	现存	2007 年	—	贵阳市第一批历史建筑名录

附录 B　贵阳城建筑遗产形态现况分析表

空间类型	建筑遗产名称	建筑遗产主要立面形态	建筑遗产细部形态（窗/门/屋顶/栏杆等）	现状形态分析
01—土著文化类	达德学校旧址（黑神庙）			①平面布局形式：三进院；②立面形式：屋顶均为坡屋顶（歇山 2 处，硬山 8 处），立面以红木墙面为主，屋身均设柱廊，设有 7 处由砖石砌成的普通台基，1 处白玉栏杆围合成的较高级台基；③局部装饰：柱础、屋顶、门窗均有雕刻装饰，装饰以花草、神兽和几何图案为主，礼堂走廊的两侧石壁上刻有清代管理忠烈宫房屋的组织“盔袍会”某次购置黑羊井街铺房的开支账目；④建筑层数：1—2 层；⑤材质与色彩：以灰石、瓦砖、砖石和红木为主，色彩以灰、白、红色调为主
	贵州民族文化宫			①平面布局形式：独栋建筑；②立面形式：外形汲取贵州侗寨鼓楼轮廓曲线的神韵，三叉弧形，从每一个面看都形似汉字“山”，表示贵州多山地形，攒尖顶门前设有门廊，每层侧面设有柱廊，设入口阶梯；③局部装饰：有翘角、马头墙、雕花垂花柱等仿古造型装饰，外墙有贵州 19 个少数民族传统节目的浮雕装饰；④建筑层数：24 层；⑤材质与色彩：以玻璃、钢材、混凝土、白墙、木材和瓦砖为主，色彩以蓝、白色调为主，灰、黄色调为辅

续表

空间类型	建筑遗产名称	建筑遗产主要立面形态	建筑遗产细部形态(窗/门/屋顶/栏杆等)	现状形态分析
02—融合文化类	棠荫亭			①平面布局形式:独栋建筑;②立面形式:四角攒尖,红色琉璃瓦盖顶,四根红色圆柱支撑亭顶,普通台基;③局部装饰:檐角起翘并饰有花纹,亭内以壁为龛,镶嵌上横下竖的青石刻二方,竖石为线刻郑绍臣肖像,横石正面为七百余字的阴刻楷书《棠荫亭铭并序》,字字工整秀丽,有极高的书法价值;④建筑层数:1层,亭高4米;⑤材质与色彩:以红色琉璃瓦、混凝土和白墙为主,色彩以砖红色为主
	地母洞			①平面布局形式:天然溶洞,由主洞、支洞、洞口平台组成;②立面形式:天然石顶、无廊、无台基;③局部装饰:洞内供奉着泥塑地母像,穴顶满是钟乳石,洞底为原生泥土地面,主洞西、南、北三面用石块砌筑,洞口平台现由表石板铺漫,石栏围护;④建筑层数:1层;⑤材质与色彩:由石材构筑,色彩呈灰色调
	扶风寺			①平面布局形式:位于阳明祠之左、尹道真祠之右,与两者共同构成合院形式;②立面形式:重檐歇山顶,四角起翘,立面以红木墙与雕花窗为主,设柱廊形成外回廊,设普通台基;③局部装饰:在翘角、门窗和柱础饰以木雕和泥灰雕刻,图案以花纹与几何图案为主;④建筑层数:2层;⑤材质与色彩:以青瓦砖石和红木为主,灰红色调
	阳明祠			①平面布局形式:四合院布局形式,主体建筑为享堂,堂前有“正气亭”“桂花厅”与两侧游廊相通;②立面形式:阳明祠主建筑为单檐硬山顶,屋面盖小青瓦,立面以红木雕花窗为主,设内回廊;③局部装饰:正脊中央塑几何图案及宝瓶,四角起翘,塑卷草图案,柱间装雕花隔扇及槛窗;④建筑层数:1～2层;⑤材质与色彩:以青瓦、砖石、和红木为主,灰红色调

续表

空间类型	建筑遗产名称	建筑遗产主要立面形态	建筑遗产细部形态（窗/门/屋顶/栏杆等）	现状形态分析
02—融合文化类	尹道珍祠			①平面布局形式：四合院布局形式，由享堂、游廊、厢室和戏楼组成；②立面形式：主体建筑享堂为单檐硬山架梁式结构，带前廊，廊柱悬抱柱联，其余建筑均为坡屋顶，立面以红木墙面为主，设柱廊；③局部装饰：局部饰以木雕、石刻和泥灰雕刻，图案以花纹与几何图案为主，饰在翘角、门窗和柱础等；④建筑层数：1—2 层；⑤材质与色彩：以青瓦、砖石和红木为主，灰红色调
	君子亭			①平面布局形式：独栋建筑；②立面形式：悬山顶，屋身原用 8 根石柱支撑，解放后被民房占用，现已无亭可观，唯有四根风化泛白的石条楹柱镶嵌在民房墙体间，现为 D 级危房，无台基；③局部装饰：刻字石柱；④建筑层数：1 层；⑤材质与色彩：以青瓦、红砖、石块和木材为主，色彩以灰白色为主，红色为点缀
	贾顾氏节孝坊			①平面布局形式：独栋牌坊；②立面形式：贾顾氏节孝坊位于两栋民房之间，难以观察；③局部装饰：现能看到“贾顾氏节孝坊”石刻大字、石柱上的刻字与部分雕花图案；④建筑层数：1 层；⑤材质与色彩：整体为石材，呈灰色调
	高张氏节孝坊			①平面布局形式：独栋牌坊；②立面形式：三间四柱石结构式牌坊；③局部装饰：上方有“高张氏节孝坊”石刻大字，字下有龙纹石刻，上下有“卍”石刻图案，再上有人物雕刻矮立柱，中间为“圣旨”石刻，顶部有一排镂空铜钱石刻，上有葫芦形装饰，牌坊的四根石柱两侧都有雕花石刻抱鼓，石柱上都有石刻小字，两侧门上也有石刻花草喇叭等图案；④建筑层数：1 层；⑤材质与色彩：整体为石材，色彩呈灰色调

续表

空间类型	建筑遗产名称	建筑遗产主要立面形态	建筑遗产细部形态（窗/门/屋顶/栏杆等）	现状形态分析
03—移民文化类	文昌阁 武胜门遗址			①平面布局形式：文昌阁两边设配殿，前为斋房，呈四合院形式；②立面形式：配殿和斋房均为重檐悬山顶，文昌阁为木质结构三层三檐不等边的九角攒尖顶，阁楼底层为正方形四角，二、三层为九边九角，合院四周设柱廊形成内回廊，设有3处普通台基、1处较高级台基；③局部装饰：各层插拱较多，斗呈曲线，翘角不高，翘角有泥灰雕刻，窗花和枋板均有彩绘；④建筑层数：1～3层，文昌阁楼高约20米；⑤材质与色彩：以青瓦、红木、砖石、白墙和石材为主，色彩为灰、白、红色调
	甲秀楼			①平面布局形式：单体建筑；②立面形式：甲秀楼为三层三檐四角攒尖顶，绿色琉璃筒瓦顶，四角起翘，设柱廊，四周设护栏，有台基；③局部装饰：饰有白色石柱和褐色古式花棂木门窗，额枋饰以清式璇子彩画，屋檐四角上雕刻着珍禽异兽的图案，楼阁的四周以白雕花为护栏；④建筑层数：3层；⑤材质与色彩：以青瓦、红木、砖石、琉璃和石材为主，灰红色调
	涵碧亭			①平面布局形式：单体建筑；②立面形式：涵碧亭为石柱单檐四角攒尖顶绿色琉璃瓦小亭；③局部装饰：屋顶起翘饰以龙纹，额枋上饰以彩绘，石柱上刻有文字，柱础上刻有雕花图案；④建筑层数：1层；⑤材质与色彩：以青瓦、红木、砖石、琉璃和石材为主，灰红色调
	翠微园			①平面布局形式：自由围合式布局；②立面形式：翠微园主体建筑拱南阁为双层双重檐歇山顶式阁楼，有着粉墙青柱，镂窗画梁，兽脊斗拱，飞檐翼角，立面以红木墙面为主，多设柱廊；③局部装饰：主要建筑屋顶起翘，翘角饰有神兽，门窗、栏杆上均有雕刻装饰；④建筑层数：1—2层；⑤材质与色彩：以青瓦、砖石、木材、白墙、石材为主，色彩以灰白色为主，红色为辅

续表

空间类型	建筑遗产名称	建筑遗产主要立面形态	建筑遗产细部形态（窗/门/屋顶/栏杆等）	现状形态分析
03—移民文化类	东山寺			①平面布局形式：东山寺依山建造，巧用山势，步步升高，山上大雄宝殿居中，前为弥勒殿、后为藏经楼，左右有庭院厅堂楼阁等建筑，屹立悬崖峭壁之上，布局自由但大体沿轴线布置，蔚为壮观；②立面形式：建筑均为坡屋顶，大部分建筑设有柱廊和普通台基；③局部装饰：大部分建筑有翘角、石雕、彩绘和木雕装饰，装饰图案有莲花、神兽、几何图案等；④建筑层数：1—5 层；⑤材质与色彩：以青瓦、红木、黄墙、石材为主，色彩以黄红色调为主
	仙人洞			①平面布局形式：自由围合式布局；②立面形式：主体建筑为三清殿，是一座三层楼阁，筑有普通台基，一层设有柱廊，其余建筑均设坡屋顶，大部分设有柱廊与普通台基；③局部装饰：三清殿，三层屋顶起翘，塑有骑着梅花鹿、手捧仙桃的仙翁和骑着仙鹤、吹奏笛子的仙童等塑像，殿顶正脊，塑着两条气势峥嵘的争珠神龙，门窗上亦有几何图案与黄色彩绘装饰；④建筑层数：1—3 层；⑤材质与色彩：以木材、青瓦、砖和石为主，呈黑红色调
	相宝山寺			①平面布局形式：山顶有一平台，四周残存着古老寺院的石墙，隐约能见到寺庙的柱础，腰处尚存一座和尚塔坟；②立面形式：塔坟为攒尖顶，立面呈葫芦形，无台基；③局部装饰：石壁上刻有文字，残存柱础与塔坟上有几何石刻图案；④建筑层数：1 层；⑤材质与色彩：石材，灰白色调
	黔明寺			①平面布局形式：传统合院式布局，主要建筑物有大雄宝殿、大悲阁、藏经楼、斋堂、香厨及两厢僧等；②立面形式：大雄宝殿为三开间单檐琉璃瓦屋顶，观音阁后方为三重檐歇山琉璃顶藏经楼，建筑均为坡屋顶，立面以红木墙面为主，多设柱廊，部分设台基；③局部装饰：局部有木雕、石雕、泥灰雕刻和琉璃装饰，图案有花纹、神兽、文字和几何图案；④建筑层数：1—3 层；⑤材质与色彩：以石材、砖石、青瓦、木材为主，色彩以黑红色为主，灰白色为辅，并点缀有黄色、青色

续表

空间类型	建筑遗产名称	建筑遗产主要立面形态	建筑遗产细部形态（窗/门/屋顶/栏杆等）	现状形态分析
03一移民文化类	观音洞			①平面布局形式:自由围合式布局,建筑沿山势布局,山麓临街一面有石狮一对踞守山门,门内石径旁有石亭、长亭各一座,山腰并有僧塔四五座,小院两旁均有楼阁,洞右侧原阿弥陀佛殿遗址新建有大雄宝殿,往右达白衣观音殿,再上达千手观音殿;②立面形式:大雄宝殿及千手观音殿为歇山顶,设外回廊与台基,白衣观音庵为歇山顶,设柱廊,无台基,其余建筑为悬山与硬山顶,无台基;③局部装饰:主要建筑屋顶起翘,翘角饰有神兽,门窗、栏杆上均有雕刻装饰,额枋及雀替有彩绘装饰;④建筑层数:1—5 层;⑤材质与色彩:以琉璃瓦、石材、红木、黄墙为主,色彩以黄、白、红色为主,并点缀有青色、蓝色
	弘福寺			①平面布局形式:弘福寺有三重建筑,大雄宝殿(正殿)、观音殿(中殿)、弥勒殿前(前殿),另配藏经楼、毗卢阁等,主体建筑沿中轴线布置,总体为传统合院式布局;②立面形式:各殿阁朱墙碧瓦,屋顶用绿色琉璃瓦,屋脊顶上使用双龙抢珠装饰,多设柱廊,曲廊迂回,蔚为壮观,立面以红木墙面为主;③局部装饰:建筑局部以木雕、石雕、彩绘和琉璃装饰为主,图案以花草、神兽和几何图案为主;④建筑层数:1—2 层;⑤材质与色彩:以瓦砖、红木、石材、红墙为主,色彩以红色为主,亮黄、暗灰色为辅,青、绿、蓝色为点缀
	三元宫			①平面布局形式:行列式布局,现存明文阁、船楼和三清殿;②立面形式:主楼“明文阁”为三层重檐八角攒尖顶,全系木结构,以青筒瓦为屋面,每层八个对应的翼角飞檐,每层六面均是可开、可阖的花棂隔扇门,设有外廊,底层外廊环护雕花石栏,阁基以方石砌就,阁柱以鼓石为础,船楼为歇山顶,木结构,面阔四间,进深三间,四面配落地式花窗,有外廊,三清殿为硬山顶,设外廊;③局部装饰:明文阁翘角饰龙、凤、鳌、鱼,翘角下饰垂吊金瓜,建筑均有木雕和泥灰雕刻装饰;④建筑层数:2—3 层;⑤材质与色彩:以瓦砖、石材、木材、红墙为主,红黑色调

续表

空间类型	建筑遗产名称	建筑遗产主要立面形态	建筑遗产细部形态（窗/门/屋顶/栏杆等）	现状形态分析
03—移民文化类	大觉精舍（华家阁楼）			①平面布局形式：传统合院式布局；②立面形式：主要建筑为五层五重檐八角攒尖顶木结构佛阁，八角翘檐，八面开窗，阁前为庭院，左右楼房对称相配，前为藏经楼，曲栏四周，有回廊与左右厢楼房上下相通，佛阁设有普通台基；③局部装饰：主要建筑各层檐下均有雕花花柱和斜撑，翼角上雕有纹锦，底层檐角下塑有倒立狮撑拱，明间和次间的栏额浮雕有二龙戏珠和龙凤朝阳图案，门窗花心均由万字格和梵文组成，柱基及月台的望柱、栏板上均有浮雕或透雕花纹图案；④建筑层数：1—5层；⑤材质与色彩：以红木、灰石、瓦砖、白墙为主，红灰色调
	刘统之先生祠			①平面布局形式：二进院合院；②立面形式：所有建筑均为穿斗式木结构硬山顶，两山和后檐均为砖砌空斗墙，前檐为木装修，屋面盖小青瓦，院内设内回廊，设普通台基；③局部装饰：大门拱门，门额写有"刘统之先生祠"，以木雕石雕装饰为主，图案多为花草与几何元素，饰以门窗、雀替和柱础；④建筑层数：1—3层；⑤材质与色彩：以青瓦、红木、白墙和砖石为主，色彩以灰白色为主，黄色为点缀
	刘氏支祠			①平面布局形式：传统四合院式布局，由享堂、戏楼、东西厢楼廊和大门组成；②立面形式：主要建筑为抬梁穿斗式木构架硬山顶建筑，屋脊塑有雕花，额枋均有浮雕，檐柱上有狮形撑拱，戏楼为歇山卷棚顶，二层单檐翘角，柱内侧及两前柱有狮形支撑翼角，大门为牌楼式券洞门，建筑均设柱廊形成合院内回廊；③局部装饰：整体建筑装饰精美，门窗、隔扇、群板、额枋、雀替等多为雕花木构件，大门正中有圆形窗，有玻璃，还有呈放射形木棍与圆弧组成的图案，外圈也有石刻或者泥塑图案，上部有密集的石刻和泥塑图案，左右浮雕文官和武将人像，边框饰以花草图案；④建筑层数：1—2层；⑤材质与色彩：以青瓦、砖石、白墙、木材为主，色彩以灰白色为主，暗红色为辅

续表

空间类型	建筑遗产名称	建筑遗产主要立面形态	建筑遗产细部形态(窗/门/屋顶/栏杆等)	现状形态分析
03—移民文化类	贵州银行旧址		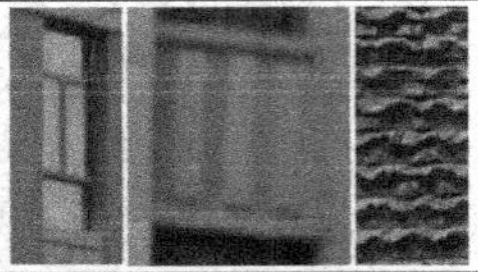	①平面布局形式:L 型布局;②立面形式:红色砖木结构,平屋顶红墙灰瓦,古朴厚重,中式风格;③局部装饰:整体简洁,无局部雕刻装饰;④建筑层数:4 层;⑤材质与色彩:以砖石、红木、灰瓦、混凝土为主,呈红灰色调
	高家花园(中共贵州省工委旧址)		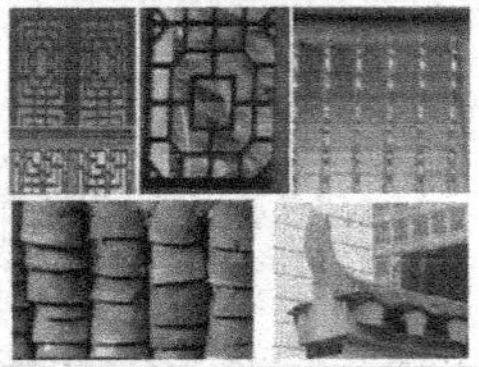	①平面布局形式:传统合院式布局;②立面形式:主要建筑为怡怡楼和楼外楼,立面以硬山顶和朱门灰墙为主,其中怡怡楼为藏书楼,上下两层,设有柱廊,楼外楼也称船屋,是紧傍池塘的两层楼房,四面走廊,围以木栏;③局部装饰:局部装饰以木雕为主,图案以几何图案为主;④建筑层数:1—3 层;⑤材质与色彩:以瓦片、木材、石材、白墙为主,色彩以灰调为主,红白色为辅
	麒麟洞(旧名白衣庵)			①平面布局形式:混合式布局;②立面形式:主要建筑有悬山顶和歇山顶,均设柱廊,设有 1 处门廊和普通台基,立面以红木墙为主;③局部装饰:山门屋顶起翘并以琉璃装饰,建筑局部存在木雕、石雕、彩绘和泥灰雕刻装饰,并以花草、神兽、文字和几何图案为主;④建筑层数:1—2 层;⑤材质与色彩:以青瓦、红木、石材、白墙为主,呈红白色调
	觉园禅院(普贤庵、长生庵)			①平面布局形式:单体建筑;②立面形式:整个禅院除石门、石墙基和地面均为民国时原物,整体为硬山顶建筑,侧立面为马头墙山墙造型,正面设柱廊,无台基;③局部装饰:局部有木雕、石雕、泥灰雕刻和彩绘装饰,图案以花草、神兽、文字和几何图案为主;④建筑层数:1—2 层;⑤材质与色彩:以瓦片、红木、石材为主,呈灰红色调
	观风台			①平面布局形式:自由围合式布局;②立面形式:作为贵阳古八景的观风台,现存 42 米长的古长廊,4 个古亭、仿古盆景墙,卷棚顶 1 处,攒尖顶 2 处,歇山顶 1 处,悬山顶 1 处,设普通台基;③局部装饰:局部有木雕、彩绘、泥灰雕刻和琉璃装饰,图案以花草、文字和几何图案为主;④建筑层数:1 层;⑤材质与色彩:以瓦砖、木材、石材、白墙为主,色彩以黑红色为主,灰白色为辅,并点缀有黄色、青色、蓝色